想做主管
必先學會斷捨離

猶豫不能成大事，
成功者都是善於決斷的人

楊仕昇　冷新心　著

人性化管人，個性化用人

新官上任，想成為跟下屬打成一片的好好先生，
一不小心竟成了「鄉愿」；但是過於嚴厲，又難
免澆熄了底下員工的熱情，這兩者該如何並濟？

崧燁文化

目錄

前言

上篇 人性化管人
—— 講章法，但是也要講人情

目錄

目錄

目錄

前言

對於員工來說，企業管理者就是他們的總管。但是，一樣的管理者，命運卻往往迥然不同。有的管理者最終累死在工作職位上，有些管理者卻能自在遨遊，面朝大海，春暖花開。

當很多企業管理者還沉醉在唯我獨尊的遐想中時，那些聰明的管理者們卻早已懂得了「放手」，讓自己成為一個真正的「放手」總管。在如今這個時代裡，企業界已經湧現出越來越多的「權力下放的總管」，他們瀟灑的身影，似乎印證了一位先賢的古訓：「無為，則無不為。」

「權力下放的總管」之所以出現，正是這個商業時代變革的縮影。企業在本質上就是我們每個人共同的人生舞臺，以及所有企業員工普遍理想的自我實現舞臺。很多企業之所以做不大，追根溯源，就在於無法改良他們的「官僚」基因。

人性中對於權力的貪欲，使很多企業管理者無法與內部強人共用人生舞臺，更別說「放手」了。相反，一有人功高才大，即刻緊張起來，必欲除之而後快，最後演變成無數「功高震主」的荒謬悲劇。所以，我們可以看到一個很奇怪的現象：企業最強大的對手，總是在企業內部沉睡。

事實上，在現代商業組織中，企業股權的法律保護，使企業中根本不存在被「篡權」的可能，「權力下放」並無失控之憂。更何況企業處於完全開放的競爭體系中，能否為企業帶來價值，永遠是衡量一個人的最終標準。

現代企業中，一個真正「厲害」的管理者其實並不在於他懂得多少，而在於他能否懂得透過屬下，幫他規劃下一步的棋局，看到下一步的發展。而優秀的企業管理者要做的唯有對向心力的維護與激勵，讓自己做一個有效的「權力下放的總管」。

前言

　　商業社會的進化，將使企業管理者突破創業英雄與單打獨鬥混合的雙重角色，成為真正的「權力下放的總管」，是企業管理者在新的商業時代中的明智選擇。

　　有個企業管理者經過一番磨礪之後感慨的說，「我現在才明白一個好的管理者就應該是一個有效的『權力下放的總管』。管理就是你不做事，讓人做事，讓別人去做自己想做的事情，而我要做的就是怎樣讓別人去做，並且別人願意去做。」

　　充分授權是現代企業管理的要義之一。沒有授權，也就沒有管理。這是現代管理與傳統管理的根本區別之一。授權就是「孫悟空」的分身之術，它是啟動自身與組織蘊藏著的領導力的真正源泉，能使企業的員工感受到熱情的激勵和充滿希望的發展機會，能進一步提高士氣和忠誠度，穩定團隊。

　　但授權並不是說管理者什麼都不管，而是把他們從事務性、常規性的工作中解脫出來，使其有更多的時間與精力，關心、開拓新的領域，構思企業未來的發展策略。管理者要管頭管腳（指人和資源），但不能從頭管到腳。許多能力非常強的管理者卻因為過於完美主義，事必躬親，總覺得什麼人都不如自己，最後只能做最好的企業員工，而成不了優秀的管理者。

　　授權理論，知易行難。許多管理者何嘗不想當「權力下放的總管」，可是他們卻總是當不好，一放手就變成了失控、變成了無效率。所以他們寧可選擇不授權、不分權、不放權，千斤重擔一肩挑，把自己搞得頭昏腦脹、筋疲力盡，最終不能使企業完成由傳統作坊式管理向現代企業制度的飛躍。而其中有一些佼佼者則因擺脫不了「完美主義」的局限，唯我獨尊，不能授權和放權，以致淪為孤家寡人，這個教訓尤其令人深思。

　　毫無疑問，在授權和放權過程中，可能會出現一個轉折和過渡的「適應期」乃至發生混亂，員工的成長和成熟也有一個過程，需要付出相應的成本和代價，一些管理者接受不了這個事實，則只能畫地為牢，永遠重複著自

我，不能前進。

　　本書堪稱為一部「權力下放的總管」的管理寶典，其中的所有話題都圍繞著怎樣選好人、用好人、管好人，怎樣讓你手下的人最大限度發揮作用。告訴你如何為公司物色得力的人手，如何培養一批自己的業務骨幹，如何留住那些有本事的人，用好那些有本事的人，如何輕輕鬆鬆當一個「權力下放的總管」。

　　對各個層次的管理者來說，本書都有一定的實用性、仿效性或借鑑性。在本書中，您可以輕而易舉學會如何使用人才、管理人才，並能夠透過潛移默化的方式將其運用到實踐中。

　　願此書成為您管理生涯中的一盞明燈，為您的前程增添一份永恆的光芒！

前言

上篇 人性化管人

——講章法，但是也要講人情

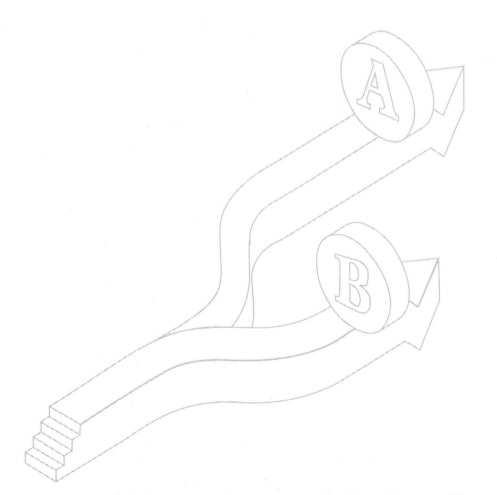

第一章
用情管人，營造有「人情味」的大家庭

在現代企業中，管理者要特別重視「感情投資」，要使每個員工樹立企業即「家」的基本理念。「家」是社會最基本的文化概念，企業是「家」的放大體。在企業這個大家庭中，所有員工包括總裁在內，都是家族的一員。

1. 駕馭人性，征服人心

大眾普遍有一種心理：深怕欠人情，甚至為了怕承受太多的情而「不領情」。你敬他，他不免提高警覺：「為什麼對我這麼好？」有人可能覺得奇怪！其實，這是人的本質使然，也就是人性在起作用。

人性是什麼？哲學家認為：人性是人的生存、尊嚴、親情、名譽、自由、發展等需求傾向。

能駕馭人性，就能征服人心；征服人心，就能征服人的身體，就能控制人、管理人，讓其心甘情願努力工作。

劉備在這方面是個好導演，好演員。當好導演必須要懂得人的本性，才能把握住角色的特徵，塑造好人物形象或還原人物的本來形象。

劉備不只善於發現部屬的才能，對於人的品性也有很強的辨別能力，所以他導演的水準很高，演戲也演得很像，說服力入木三分，讓人莫辨真假。

在長阪坡，趙雲深入重圍去尋找失散了的甘糜二夫人和阿斗，糜芳不明真相，報稱趙雲反投曹操去了，但劉備深信趙雲不會投降曹操：「子龍是我故交，安肯反於？」張飛說：「他今見我等勢窮力盡，或者反投曹操，以圖富貴耳。」劉備說：「子龍從我於患難，心如鐵石，非富貴所能動搖也。」不出

所料，趙雲衝鋒陷陣，殺出重圍，血染征袍，救出阿斗。追上劉備，交還其子。劉備接子，擲之於地，慍而罵之：「為汝這孺子，幾損我一員大將！」趙雲抱起阿斗，連連泣拜：「雲雖肝腦塗地，不能報也。」

　　這就是《三國演義》中劉備摔阿斗的故事。有人說，劉備愛子是真，摔阿斗是做做表面文章而已。這話不是毫無根據，作為劉氏統治集團繼承人的阿斗，劉備是不會輕易擲地的。有人說，劉備摔阿斗是出於愛將之心，激情所至，是對趙雲的精神賞賜，這也是可以理解的。東漢末年，群雄逐鹿中原，各統治集團都盡力搜羅人才，壯大自己的實力。趙雲作為難得的將才，其地位在心目中是可想而知的，如果趙雲有什麼閃失，劉備還得掂掂分量。還有人說，別人拚死保護自己的兒子，可是自己卻無以報答，這份愧疚，我想任何一個具有人情味的人都會有這種心態，更何況是劉備，唯有摔孩子，以向趙雲表明自己的心跡 —— 情深意重。

　　劉備摔阿斗，其實是劉備內部公關御人術的一次表演，既收買了趙雲誓死隨主之心，又教育和感化了當時在場的所有文武隨從，產生一箭雙雕的作用。劉備從一「織席販履之徒」成長為一代風流人物，其內部公關御人術的確有拍案叫絕之處。因此後人詩曰：「曹操軍中飛虎出，趙雲懷內小龍眠。無由撫慰忠臣心，故把親兒擲馬前。」

　　《孫子兵法》記載，孫武要求為將者必須具備「智、信、仁、勇、嚴」五個方面的才能，強調將帥不但要擁有威武之儀，更要懷揣仁愛之心。唐朝詩人白居易也說：「動人心者莫過於情。」情動之後心動，心動之後理順。仁愛兵卒，仁愛部下，就是要求為將者如何動之以情，統一軍心，達到制勝的目的。劉備是深得《孫子兵法》真諦的，抓住人性弱點，意在用情征服人心。

　　現代市場競爭亦如故事戰場。現代管理者必須懂得心理學，抓住人性弱點，征服人心，這是管理者激發員工工作積極性的一項重要的手段。管理心理學研究顯示：一個人生活在溫馨友愛的團體環境裡，由於相互之間尊重、

理解和容忍，使人產生愉悅、興奮和上進的心情，工作熱情和效率就會大大提高；相反，一個人生活在冷漠、爭鬥和爾虞我詐的氣氛中，情緒就會低落、鬱悶，工作熱情就會大打折扣。管理工作者要想征服人心，就必須與下屬員工互相交心、互相關心、以心換心，從而達到同心同德、團結一致。

美國鋼鐵大王卡內基有句名言：「將我所有的工廠、設備、市場、資金全部奪去，但只要留住我的組織人員，四年之後，我仍是一個鋼鐵大王。」當然，卡內基的話，是對他已掌握一批有真才實學的管理者的炫耀，但從另一個角度來看，成功的企業家是從來不會忽視對人才的選拔、培養和愛撫的。

在競爭激烈的現代社會，只要企業管理者能招賢納士，留住人才，就會形成企業內部眾志成城，這個企業才可能在激烈競爭中立於不敗之地。事實已經證明，在高科技快速發展的今天，管理者征服人心所帶來的收益，已大大超過企業透過擴大生產規模而產生的效益。征服人心，已經成為許多成功企業家的制勝法寶。而因企業管理者對待人才的態度、方法不同，造成企業興衰的例子不勝枚舉。

國內某工程機械上市公司，從企業開始組建開始，企業管理者就注重征服人心，企業在同行業中率先打破當前經濟條件下的人事制度，不拘一格選拔重用有真才實學的人才，企業摒除按年齡大小，資歷深淺的人才排序，對有突出貢獻的員工給予破格重用；在物質激勵方面，一改過去單純薪水加獎金的方式，對企業中的骨幹採取「分紅」和「股份期權」等方式留住人才；另外，企業把國外培訓機制引入公司內部，對不同員工，採取不同的培訓形式加以獎勵。為此，大大提高了員工的積極性和創造性，進而提高了工作效率。同時使這家企業在激烈的市場競爭中，處處掌握主動權，成為國內知名企業。

所以說，要想成為一名成功的管理者，首先必須讀懂心理學，以此駕馭人性，征服人心。

2. 讓下屬感受「家」的溫暖

企業界有一則管理寓言，頗有意味：說的是狂風和微風相比，看誰能把行人身上的大衣吹掉。狂風首先來了一股刺骨的冷風，吹得行人瑟瑟發抖，於是大衣裹得更緊了；微風則徐徐吹動，行人覺得溫暖而愜意，繼而脫掉了大衣。最終，微風獲得了勝利。由此及彼，企業文化就應該像徐徐吹來的微風一樣，在「柔性」管理之下，令員工如沐春風，意興盎然。這就是企業文化成功的祕訣。

我們都知道應當善待員工，因為組織的任務最終靠他們來完成，他們是與你朝夕相伴的戰友。你應當真正為他們著想，絕不是偶爾的一些問候，並讓他們知道你很關心他們。

你要多參加員工的活動，了解他們的苦衷，及時與員工溝通，仔細傾聽員工的意見。尤其對於員工的建設性意見，更應予以重視，細心傾聽。若是一個好主意並且可以實施，則無論員工的建議多麼微不足道，也要切實採用。員工會因為自己的意見被採納，而感到歡欣鼓舞。即使這位員工曾經因為其他事情受到你的責備，他也會對你倍加關切和尊敬。

你還需要給員工創造良好的工作環境，讓他們知道你處處體貼他們。你還要認同員工的表現，向員工表示讚賞，保持和藹的表情。一位經常面帶微笑的管理者，誰都會想和他交談。即使你並未要求什麼，你的員工也會主動提供情報。你的肢體語言，如姿勢、態度所帶來的影響也不容忽視。若你經常自然面帶笑容，自身也會感到身心舒暢。保持正確的舉止，在無形中它已引領你邁向成功的大道了。許多運動員都表示過類似的看法：「我會在重要的比賽之前，想像自己獲得勝利的情景。此時，力量會立刻噴湧而來。」一個保持愉悅的心情與適當姿態的人，更容易受到眾人的信賴。

依然不忘提醒一句的是，你要容忍每位員工的個性與風格，使他們作為

一個活生生的人存在，不要把他們管理成一臺會說話的機器。

經營者、管理者都應該明白，關心員工的身心健康，就是關心企業的健康成長和持續發展。因為我們看到，在損害員工身心健康、導致員工身心疾病的原因當中，有企業制度不合理、不科學的弊端對員工的嚴重束縛；有企業營運機制、管理機制不健全對員工的嚴重傷害；有劣質或過時的企業文化對員工的嚴重困擾等。這些因素，既是損害員工身心健康的職業壓力，也是阻礙企業健康成長和持續發展的強大阻力。

國內外的大量調查研究都顯示，由這些因素形成的過重的、不當的職業壓力，不僅損害員工的身心健康，而且損害企業組織的健康。因此，關心員工的身心健康，幫助員工克服或減輕職業壓力，就是消除企業或組織前進的阻力，解開束縛企業發展的枷鎖。

不關心員工身心健康的管理者不是好的管理者，不關心員工身心健康的企業是不負責任的企業，這樣的管理者與企業是沒有未來的。幸運的是，越來越多的企業已經意識到這個問題的嚴重性。人本管理、人性關懷已成為時代趨勢和國際潮流。以人為本，在企業中表現為以員工的身心健康為本，一些企業也紛紛採用薪資、福利和培訓等方式激發員工的主動性和積極性，幫助員工解決心理問題。可是，仍然會出現這樣的問題，即該給的都給了，能做的都做了，員工的積極性依然文風不動、工作效率依然沒有提高，員工還是會出現一些不良心理狀況。

如何幫助員工擺脫身心健康問題所帶來的困擾呢？下面為您提供一些措施幫助您能夠關心員工的身心健康，建立有「人情味」的企業文化。

(1) 對企業內部關係進行評估

對各級管理層與員工之間的關係、不同管理層之間的關係以及員工與員工之間、同級管理者之間的關係進行全面評估，並據此採取相應的改進措

施。緊張的內部關係往往會比外來壓力更容易導致企業人員精神狀態低落，並降低企業的效率。

(2) 最大限度發揮員工的潛能

發現、挖掘和發揮員工最大的潛能，對於大多數員工來說，成就感是最有效的激勵。從內因方面來解釋，員工如果能感受到成功帶來的喜悅，就能夠更積極投入工作並從中獲得心理上的滿足和愉悅。

(3) 要提供適當的幫助

儘管企業並沒有法律上的責任解決員工的精神困擾，但有必要為他們提供適當的幫助，因為這不僅符合員工的利益，也符合企業的利益。企業的健康有賴於員工身心的健康。

有人情味的企業文化，更能進入員工心靈深處，從而產生強烈的歸屬感和團隊凝聚力，為企業創造持續性的經濟效益。

3. 別對下屬出「權力王牌」

一隻羊站在高高的屋頂上，看見一隻狼從屋旁走過，於是罵道：「你這隻笨狼，你這隻傻狼……。」

狼向上望瞭望，對羊說道：「你之所以能罵我，只不過是因為你站的位置比我高罷了。」

管理者有的就是權力，那麼權力該怎麼來理解、怎麼來運用呢？

權力具有強制性，這種強制性就在於，企業給了每個層級上的管理者一些資源，他們再透過這些資源強制別人按照自己的意願來做事。這種強制性的好處在於效率高。但它也有個缺點，就是容易造成下屬對權力的抗拒。因為人的本性是希望得到尊重的，沒人甘願自己被呼來喝去，即使他拿著你的薪水。這樣一來，權力的強制性就是一體兩面。

權力是一個管理者影響他人或團隊去做他們本來不會去做的事情的能力。有兩種主要的權力來源：你在組織中的位置和你的個人特點。

在正式組織中，管理職位會帶來權威 —— 發號施令以及希望命令得以服從的權力。另外，管理職位一般會帶來實施獎勵和懲罰的權力。管理者可以安排令人嚮往的工作任務，指派下屬做有意義或重要的專案，做出有利的績效評估，以及建議為下屬加薪。但是，管理者也可以安排誰都不想做的任務和工作輪班，把討厭的或不引人注目的專案推給下屬，做出不利的績效評估，建議給下屬令人不快的工作調換甚至降職，還限制加薪。

你不一定非得做個管理者或擁有正式的權威才能享有權力。你也可以透過你的個人特點，如專長或個人魅力來影響他人。在當今的高科技世界，專門知識已經成為一種日益重要的影響來源。隨著工作的日趨複雜和專業化，組織和組織成員必須依賴有專門知識或技能的專家來完成既定目標。舉例來說，軟體工程師、會計師、工程師等等，在組織中可以利用他們的專長來行使權力。當然，魅力也是一種有力的影響力來源，如果你擁有魅力，你可以用這種魅力讓別人做你想要的。

在人格魅力方面，美國國際電報電話公司（ITT）總經理哈羅德 · 吉寧（HaroldGeneen）絕對是一個表率。從 1959 年起，吉寧在 ITT 的總經理位置上穩坐了 20 年之久。在吉寧任職期間，ITT 創造了連續 58 季利潤上升的紀錄 —— 十幾年來，每年都以 10% 的成長率上升，不論是經濟蕭條還是上升時期。這樣的業績一次又一次震驚了華爾街。

吉寧成功的因素有很多，但很重要的一點就是：用熱情感染員工。

在吉寧的心中有一個目標，就是要建立一個世界上創利最多的公司。而他的行動也證明了他的熱情和幹勁：他有著驚人的精力、天生的熱情、敏捷的頭腦，一天在辦公室工作 12 至 16 小時是常事。不僅如此，而且回家還要看檔案。他的廢寢忘食、不遺餘力的工作，使公司所有的人都受到了感染，

熱情高漲，大多數經理人員工作都非常努力。

吉寧說：「作為一個管理者，激發部下做出好成績的最好方法，在於平時用一言一行使他們相信你全心全意支持他們。」為此，他把難度極高的工作分派給下屬，激勵他們挑戰原本可望而不可即的高峰。一旦下屬出色的完成任務，吉寧一定會大加讚賞，而且總是稱讚得恰如其分：如果下屬是因為聰明而完成任務的，吉寧就會讚賞他的才智；如果下屬是靠苦幹而成功的，吉寧就會表揚他的刻苦精神。這種卓爾初群的領導力似乎有一種不可抗拒的力量，激發著每位員工勇敢超越自己的限度。

作為一名優秀的總經理，吉寧一點都不高傲，他歡迎來自下屬的批評。吉寧認為，只有開誠布公，才能激勵大家發揮創造力。

就是這樣一位出生平平、做過會計、半工半讀 8 年才拿到大學文憑的吉寧，以非凡的領導力影響了一大批有才華的人 —— 到吉寧退休時，曾經擔任 ITT 的經理、之後到其他公司擔任要職的總經理已有 130 位。這些頗有建樹的人談起吉寧時，都是恭之敬之，欽佩之至。因為吉寧培養了他們，並影響了他們的一生。從這個意義上講，吉寧是他們的一面鏡子，更是美國企業界成功的領導典範。

對一個人來說，最重要的是人格。而對於一位管理者來說最重要的則是人格魅力。沒有高尚的人格，就沒有非凡的凝聚力。僅僅依靠權力，雖然令人生畏，但也會使人極力反抗，即使人們敢怒不敢言，也難叫人心服口服。而魅力則使人自動解除情緒的武裝，而誠心歸順，相形之下，權力顯然無法與魅力一較高下。

徒有權力是不能使管理者掌握民心士氣的，而魅力的素養顯然是卓越管理能力不可或缺的重要層面，因此，一個優秀的管理者必須牢記：不光要善於把握和運用權力，更要善於溫和運用魅力；只有將權力和魅力兩者結合起來，管理者才能實現對下屬的真正管理！

權力能讓管理者做到許多事情，卻不能保證做得最好。

有人說領導藝術就是一種智慧，就是精心運用和實現手中的權力。這話一點也沒錯，管理者經營著權力，他們透過差遣他人按照他們的意願行動來達到目標。他們讓事情發生，使事情完成。

一個人在組織中的地位越高，他個人所擁有的權力也越大。因為管理者的優越地位，他可以指揮和引導他人的活動，調解存在的差異，必要時也可以強制命令。所以，權力對管理者活動來說至關緊要。權力就是傾聽他人、化解衝突、說服他人的能力。權力還是抑制破壞性的不滿情緒、防止人們討論可能有破壞性的話題、壓制沒有好處的批評的能力。

因此，在許多人的眼中，管理者就是權力的代名詞，意味著命令與遵從。這僅僅是權力的一種表象，因為管理者在組織中並不擁有全部的權力，即使是那些最普通的員工也擁有某些權力。一般說來，權力受職務影響，權力都是與職務相連的，所以叫職權。權力的大小受職務大小的限制，你不能超出你的職務行使某種權力，也不能在你的職務範圍內不行使這個權力。用多了叫濫用權力，用少了叫不負責任。

所以說，你有多大的權力就有多大的責任。當你是一個管理者的時候，不光意味著權力，更意味著責任（和職務相關的責任）。職責不光是指你「管」的範圍。舉個例子，行銷總監的職責不光是對全公司的行銷進行管理，更多的是承擔培養的責任、發展的責任、激勵的責任。

不要相信權力是萬能的，因為權力不能帶給你的東西太多。

（1）權力不能帶來激勵

人的需求是內在的，你用權力不能夠激勵它，因為不一定能滿足他的需求。

很多管理者會說：「誰說我不行，年末的時候，我送他紅包，他不是對

我千恩萬謝的嗎？」實際上你知道下屬在想什麼？他們會說：「這是我應該得的。」甚至還有人會說：「早該送給我們了，本來按季發，現在到年底才發，你們省多少錢啊？」

(2) 權力不能使人自覺

權力是把自己的意願強加於人，有可能你的意願剛好是別人想做的事情，更多的時候是你的意願跟別人的不一樣。迫使別人做事情怎麼能帶來自覺呢？

(3) 權力不能使人產生認同

有些管理者一拍桌子：就這麼定了！一次、兩次有效果，時間長了，下屬就跟你耗了，甚至當面跟你頂撞。原因很簡單，權力不能使人產生認同。秦始皇當年焚書坑儒做什麼呢？不就是想用權力統一思考嗎，那他做到了沒有呢？秦始皇沒能做到的事情，你能做到嗎？

(4) 權力對下屬的影響有限

有個小故事非常經典：

說的是有個老闆喜歡講笑話，他一講笑話，公司裡的人就樂得哈哈大笑，有一天，這個老闆又在公司裡講笑話，大家又樂得哈哈大笑。忽然他發現有個員工面無表情，就點他的名問：「哎！你怎麼不笑啊？」那員工只冷冷回敬了一句：「我明天就走了。」

在今天，「管理者」一詞被賦予的內涵從來沒有如此豐富過，它已不再是人們心目中強硬的鐵腕象徵。「權力」依附於影響、支援、信任、實現目標等諸多要素而發揮作用。

管理的過程不再是簡單的命令與執行，而是一種將組織與個人的潛力釋放的催化過程。其任務是去發現、發展、發揮、豐富和整合組織與個人業已存在的潛力。布蘭查德說：「今日，真正的領導權來自影響力。」權力必須靠

管理者自己爭取，除非下屬賦予你權力，否則你根本無法指揮他們。

　　一個「權力萬能論」的信奉者，不久就會發現，單純的權力是不可能為組織持續的成長與發展。

4. 放下架子，親近下屬

　　放下架子是管理者與下屬縮短距離的前提。一個管理者如果賣弄權勢。那麼他就等於在出賣自己的無知；管理者賣弄富有，等於出賣自己的人格。擺架子的人，不僅領導關係處理不好，大眾關係也處理不好。

　　作為管理者，很容易產生高高在上的感覺，通俗說就是「擺架子」。「擺架子」是沒有好處的，對於下屬而言，管理者本來位置就高高在上，具有一種相對優越性。如果管理者不注意自己「架子」問題，凜然一副高高在上、神聖不可侵犯的姿態，勢必在自己與下屬之間劃出一條鴻溝，從而切斷管理者與下屬進行感情交流和溝通的紐帶，拉遠了上下級之間的距離，更不可能引起下屬的心靈共鳴。當權者放下身架，製造祥和，才是建立功績的前提。

　　作為 SONY 的締造者和最高首腦，盛田昭夫具有非凡的親和力，他喜歡和員工接觸，經常到各個下屬單位了解具體情況，爭取和較多的員工直接溝通。稍有閒暇，他就到下屬工廠或分店轉一轉，找機會多接觸一些員工。他希望所有的經理都能抽出一定的時間離開辦公室，到員工中間去，認識、了解每一位員工，傾聽他們的意見，調整部門的工作，使員工生活在一個輕鬆、透明的工作環境中。

　　有一次，盛田昭夫在東京辦事，看時間有餘，就來到一家掛著「SONY 旅行服務社」招牌的小店，對員工自我介紹說：「我來這裡打個招呼，相信你們在電視或報紙上見過我，今天讓你們看一看我的廬山真面目。」一句話逗得大家哈哈大笑。氣氛一下由緊張變得輕鬆，盛田昭夫趁機四處看一看，並

和員工隨意攀談家常，有說有笑，既融洽又溫馨，盛田昭夫和員工一樣，沉浸在一片歡樂之中，並為自己是 SONY 公司的一員而倍感自豪。

還有一次，盛田昭夫在美國加州的帕羅奧圖市視察 SONY 公司的一家下屬研究機構，負責經理是一位美國人，他提出想和盛田昭夫拍照，不知行不行。盛田昭夫欣然應許，並說想拍照的都可以過來，結果短短一個小時，盛田昭夫和三四十位員工全部拍了照，大家心滿意足，喜上眉梢。末了，盛田昭夫還對這位美籍經理說：「你這樣做很對，你真正了解 SONY 公司，SONY 公司本來就是一個大家庭嘛。」

再有一次，盛田昭夫和太太良子到美國 SONY 分公司，參加成立 25 週年的慶祝活動，夫婦特意和全體員工一起用餐。然後，又到紐約，和當地的 SONY 員工歡快野餐。最後，又馬不停蹄的趕到阿拉巴馬州的杜森錄音帶廠，以及加州的聖地牙哥廠，和員工們一起用餐、跳舞，狂歡了半天。盛田昭夫感到很開心、很盡興，員工們也為能和總裁夫婦共度慶祝日感到榮幸和自豪。

盛田昭夫說，他喜歡這些員工，就像喜歡自己家人一樣。

依靠 SONY 高層管理者的這種親和力，使公司裡凝聚成一股強大的合作力量，並藉著這麼一支同心協力的團隊 —— 他們潛心鑽研、固守職位、自覺負責、維護生產、不為金錢追求事業，勇於開拓他鄉異國銷售事業，先鋒霸主 SONY 公司才能屢戰屢勝，一步一個腳印，在高科技優新產品開發上，把對手一次又一次甩在後面。

從這個故事中，我們看到了一個管理者平易近人的個人魅力，以及這種魅力為企業帶來的凝聚力，和為企業發展帶來的巨大的推動作用。對於經理人來講，平易近人實在是一種不可或缺的品格，它對於提升個人魅力和凝聚團隊，具有非常關鍵的影響。

平易近人，通俗的說，就是沒有架子，具有親和力。作為一個經理人，

不要經常板著一副威嚴的面孔，不要總是擺出一副主管的姿態，這樣只會讓下屬對你望而卻步，產生隔閡，你就很難從下屬那裡聽到真實和有價值的意見和建議。

　　CA 科技創始人王嘉廉就是平易近人的榜樣，他沒有老闆的架子，與員工在一起時常常不忘與對方幽默或自嘲一番，有時員工笑得前仰後合。尤其在開會的時候，作為董事長的王嘉廉總是把氣氛炒得火熱，與會人員在會上暢所欲言，各抒己見，連董事長的講話也常被打斷。開會的人坐態各異，甚至有人在大吃大喝。王嘉廉本人也有許多幽默的小動作，比如他一會兒猛拍桌子叫好，一會兒唱歌，一會兒把衛生紙揉捏成團，像投籃球似的將紙團丟進紙簍中。他說：「用這種輕鬆的方式來談論生硬的電腦主題，會刺激人的思維活力。」王嘉廉對下屬很少用反面的評語，倒是正面評語很多，很簡短、很風趣。比方說：「你做對了，孩子！」「這是個很棒的點子。」「妙，太妙了！」「你真聰明！」「你怎麼跟我想的一樣！」

　　王嘉廉的樂觀開朗與他的幽默風趣相得益彰。1990 年 4 月，CA 第一次世界性銷售人員大會在達拉斯舉行，王嘉廉與羅斯（創業夥伴）坐在主桌上，大會奏著 CA 的主題曲，這是一個感人的場面。大會開幕之際，有人介紹王嘉廉，他站了起來，每個人也都跟著站起來，只見王嘉廉用雙臂抱著羅斯說：「嘿！小鬼，我們辦到了！」在場的人目瞪口呆，想不到心目中想像的大老闆原來是這般風趣和活潑。

　　平易近人，就應該跟下屬和員工打成一片。這就要求經理人經常走出辦公室，到基層去，到員工中去，噓寒問暖，了解情況，而不是整天坐在辦公室老闆桌的後面，衝著下屬指手畫腳。

　　經理人們，放下架子，收起你威嚴的面孔，走到員工中間去吧。平易近人跟下屬和員工相處，他們才會跟你心貼心，心連心，公司的凝聚力和奮鬥力也會隨之大大增強。

5. 樹立員工的主人翁心理

所謂「主人翁」是說明主體對客體的關係。當主體對客體由於具有所有、使用、經營管理等關係，因而主體能以自己的意志去影響、支配客體的活動時，主體就是客體的主人（或稱主體在主客關係中處於主人翁地位）。對企業來說，員工的主人翁地位就展現為員工對企業的所有、使用和經營管理關係及權利，以其意志能夠影響和支配企業的各種活動。當勞動者的主人翁地位在企業得到切實的保障，他們的勞動又與自身的物質利益緊密關聯的時候，勞動者的積極性、創造性和聰明才智就能充分發揮出來，員工的精神面貌就會煥然一新，企業也就充滿了勃勃生機。

1989 年 11 月，5000 名員工在拉塞爾‧梅爾的領導下，每人集資 4000 美元，共計 2.8 億美元，買下了 LTV 鋼材公司的條鋼部，在這 2.8 億美元中，2.6 億是借來的。他們把這個部門命名為聯合經營鋼材公司。

梅爾給這個新成立的公司所上的第一課是關於 LTV 鋼材公司在最近幾個月中所遭受的挫折，他想使他的公司能夠應付鋼材市場即將出現的最疲軟局面。

在聯合經營鋼材公司，梅爾一改以往的工作方法，恪盡職守行使領導職權。他總是講實話，把所有情況公開，與員工同甘共苦，並且總是讓員工看到希望。他深信，這是激勵員工、充分激發員工積極性的最佳方法。

梅爾知道，為使員工充分施展才能，必須讓他們懂得怎樣以雇員又是主人的姿態自主的、認真負責做好工作。為實現這一願望，他認為最好的方法是把所有資訊、方法和權力都交到那些最接近工作、最接近客戶的員工手中。他深信，如果他能夠使所有員工都感覺到他們對公司的經營情況擔負著責任，那麼，公司的一切，無論是員工信心還是產品品質都會得到提高。他說：「如果鋼材是由公司的主人生產的，其品質會更好，這是毫無疑問的。我

們的目標是創建一個能夠充分滿足客戶要求、為客戶提供具有世界一流品質的產品和服務的公司。只有實現了這些目標，我們這些既是公司的員工又是公司的主人的人才能保住穩定的工作，才能使我們公司的地位得到提高。」

　　梅爾清楚，要實現這一目標，公司必須開創一個員工充分參與合作的新時期。只有這樣，公司才能在鋼材行業處於激烈的國際競爭、特殊鋼廠不斷湧現、獲得高額利潤的產品不復存在的環境下生存下去。要想獲得成功，梅爾說，「我們必須採用一套新的管理機制，來為所有員工創造為公司的興旺發達貢獻全部聰明才智的機會。」

　　聯合經營鋼材公司理事會的人員結構展現了梅爾的觀點：其中 4 位理事是由工會指派的，3 位來自管理部門，包括梅爾本人和另一名拿薪水的員工。

　　然而，讓員工明白他們應怎樣為公司的興衰成敗承擔起責任並非一帆風順。把錢留下，買些股票，雇員就成了股東，但他們對這樣做到底意味著什麼卻一無所知。更有甚者，很多員工都表示他們願意負更多的責任，願意進一步參與公司的事務，但是他們就是不承擔他們各自的義務。對他們來說，什麼是有獨立行為能力的成人，什麼是依賴別人的孩子都搞不清楚。

　　很多人天生就有一種希望得到別人關心照料的欲望，希望有人保護，使我們免受那種社會殘酷競爭的侵擾。作為對這種保護的回報，我們心甘情願聽命於別人，依賴別人，忠實於別人，心甘情願放棄支配權。所以，即使員工表示打算負更多的責任，願意參與決定公司前途命運的決策工作，他們也往往不願自始至終履行自己的諾言，因為他們既害怕失敗，又擔心自己的能力，所以他們就會躊躇不前。梅爾明白這種心理。

　　「我們大家都是環境的產物，」梅爾說，「假如你在一個環境中工作了 30 年，在這個環境中，所有的事都是以一種單一的方式做的，可是突然某個人來了，並對你說：『這裡的一切都需改變。』這時，你也會困惑。你可能會說出這樣的話：『雖然我是主人，你卻想讓我一週來這裡工作 40 個小時？你的

意思是說我還得做同樣的工作，拿同樣的薪水？那麼我當主人又有什麼意義呢？我見過的主人沒事就到酒館去喝啤酒，想走就走。』」

所以，梅爾還必須設法讓員工明白當主人應做些什麼，使他們的思維軌道從「好了，那是他們的問題」轉換到「我即是公司，所以，這事最好由我來處理」的軌道上來。

聯合經營公司的工作人員現在有雙重身分，一種身分是雇員，另一種身分是公司的主人。雖然這兩種身分不同，但每一種身分都會對另一種有著促進的作用。

樹立員工的主人翁心理，必須在精神上和經濟上共同下工夫。精神上的歸屬意識產生於全心全意參與。當員工認知到他們的努力能夠發揮作用，認知到他們是全域工作中必不可少的環節時，他們就會更加投入。要使他們全心全意參與，還必須讓他們在經濟上與企業共擔風險，共用利潤。

員工的歸屬感首先來自待遇，具體展現在員工的薪水和福利上。衣食住行是人生存最基本的需求，買房、買車、購置日常物品、休閒等都需要金錢，這都依靠員工在公司取得的薪水和福利來實現。在收入上讓每個員工都滿意是一項相對艱難的任務，但是待遇要能滿足員工最基本的生活需求才能在最基本的層面上留住人才。因此，待遇在人才管理中只是一個保證因素，而不是人才留與走的激勵因素。

一部分人在從事工作的同時，他們不單單是為了自己的薪水待遇，他們更注重自己在企業中的位置與個人價值展現，以及自己未來價值的提升和發展。個人價值包括技術能力、管理能力、業務能力、基本素養、交涉能力等，管理者提供機會幫助員工增強以上能力，是企業增強魅力、吸引人才的重要手段。

增強員工歸屬感還需要特別注重每個員工的興趣。興趣是最好的老師，有興趣才能自覺、自願去學習，這樣才能做好自己想做的事情。作為管理者

應該盡可能考慮員工的興趣和特長所在。擅長做管理的，盡可能去挖掘、培養他的管理能力，並適當提供管理機會；喜歡鑽研技術的，不要讓其去做管理工作。

增強員工的歸屬感，平等是非常重要的，要建立合理的規章制度，無論是什麼人，管理者的「紅人」也好，普通員工也罷，都要嚴格按照規章辦事，做到「王子犯法與庶民同罪」。這樣員工就會在心理上感受到待遇的平等，心靈上也就得到了滿足。

適當的壓力有利企業的發展。企業應給予合理的壓力和動力給各級員工，沒有壓力和動力的企業必然沒有創新和發展，但壓力太大，員工肯定很難承受。同樣，企業不為員工加油，員工肯定不會有動力，企業也就談不上進步。

管理者具有良好的親和力，建立良好的工作氛圍。一個勾心鬥角、利慾薰心的企業，說員工有很強的歸屬感，恐怕也是假話。

當然，還有很多因素制約員工的歸屬感，但是，如果連以上幾點都做不到，其他方面也是空話了。如果想創造一個良好的團隊，就要讓員工能把公司當家一樣去看待，讓他們覺得他們是公司的一分子，他們不是老闆的奴隸，老闆不是一個獨裁者，老闆會採納大家意見，讓大家覺得他們也是公司決策的一分子，公司的每一個成就都有他們的一份汗水。讓他們感覺你是真正關心他們的需求。任何人都希望讓別人喜歡他，讓別人認可他，讓別人信服他，讓別人覺得他重要。

6.「俘虜」具有非凡影響力的下屬

是否擁有一批真心擁護、支持自己的下屬，是能否能鞏固自己權力的關鍵。如果這些下屬能力非凡，又在各自的領域內有相當大的影響力，那麼，

如果能團結好這些人也就等於有了眾多領域的影響力。在此基礎上，發展自己的力量、維護好自己的權力就不成問題了。李嘉誠就是這樣做的。

在長江實業管理層的後起之秀中，最引人注目的要數霍建寧。他的引人注目，並非因為他經常拋頭露面。實際上，他從事的是幕後工作。此人擅長理財，負責長江實業全系的財務企劃，他處世較為低調，認為自己不是個衝鋒陷陣的幹將，而是個專業管理人士。

霍建寧畢業於香港名校香港大學，隨後赴美深造。1979 年學成回港，被李嘉誠招至旗下，出任長江實業會計主任。他利用業餘時間進修，考取了英聯邦澳洲的特許會計師資格證（憑此證可去任何英聯邦國家與地區做開業會計師）。

李嘉誠很賞識他的才學，1985 年委任他為長江實業董事，兩年後又提升他為董事副總經理。此時，霍建寧才 35 歲，如此年輕就擔任香港最大集團的要職，實屬罕見。

霍建寧不僅是長江實業系四家公司的董事，另外，他還是與長江實業有密切關係的公司如熊谷組（長江實業地產的重要建築承包商）、廣生行（李嘉誠親自挾植的商行）、愛美高（長江實業持有其股份）的董事。

傳媒稱霍建寧是一個「渾身充滿賺錢細胞的人」。長江實業全系的重大投資安排、股票發行、銀行貸款、債券兌換等，都是由霍建寧親自策劃或參與決策的。

這些專案，動輒涉及數十億資金，虧與盈都取決於最終決策。從李嘉誠對他如此器重和信任來看，可知盈大虧少。

霍建寧本人的收入也很可觀，他的年薪和董事袍金，再算上非經常性收入如優惠股票等，年收入可能在 3600 萬元以上。

人們常說霍氏的點子「物有所值」，他是香港食腦族（靠智慧吃飯）中的大富翁。

霍建寧不僅是長江的智囊，而且還為李嘉誠充當「太傅」的角色，肩負著培育李氏二子李澤楷、李澤鉅的職責。

從這裡看來，李嘉誠十分重視對專業管理人才的任用，將之視為事業拓展的基石。不但能夠不拘一格委以大任，而且給予其相應的收益，以增強其歸屬感。

在長江實業公司高級管理層的少壯派中，還有一位名叫周年茂的青年才俊。

周年茂是長江實業的元老周千和的兒子，周年茂還在學生時代時，李嘉誠就把他當做長江實業未來的專業人才培養，並把他和其父周千和一起送赴英國專修法律。

當周年茂學成回港後，很自然的就進了長江實業集團，李嘉誠指定他為長江實業公司的代言人。

1983 年，回港兩年的周年茂被選為長江實業董事，1985 年後與其父親周千和一起升為董事副總經理。當時，周年茂才 30 歲。

有人說周年茂一帆風順，飛黃騰達，是得其父的蔭庇 —— 李嘉誠是個很念舊的主人，為感謝老臣子的忠心耿耿，故而「愛屋及烏」。

這話雖有一定的道理，但並不盡然。李嘉誠的確念舊，卻不能說周年茂的「高升」是因為李嘉誠對他的關照。其實，最主要的一點，仍然是他自身具備了相應實力，有足夠的能力擔此重任。

據長江實業的職員說：「講那樣話的人，實在是不了解我們老細（闆），對碌碌無為之人，管他三親六戚，老細一個都不要。年茂年紀雖輕，可是個叻仔（有本事的青年）呀。」

周年茂升任副總經理，是頂替移居加拿大的盛頌聲的缺位，負責長江實業系的房地產發展。

周年茂走馬上任後，負責具體策劃，落實了茶果嶺麗港城、藍田匯景花

園、鴨俐洲海怡半島、天水圍的嘉湖花園等大型住宅屋村的發展規劃，順利實施了李嘉誠的迂迴包抄計畫，從而以自己的能力贏得了李嘉誠的信任。於是，李嘉誠將更大的重任託付於他。

壓在周年茂肩上的擔子比盛頌聲在職的時候還要重，肩負的責任還要多。但他不負眾望，努力扎實工作，得到了公司上下的一致好評。

長江實業參與政府官地的拍賣，原本由李嘉誠一手包攬，全權掌握，而現在呢？同行和記者經常看到的長江實業代表，卻是周年茂那張文質彬彬的年輕面孔，而李嘉誠那張老面孔則不常見了，只有資金龐大的專案出現時，大家才見得到李大超人的尊容。

周年茂雖然看起來像一位文弱書生，卻頗有大將風範，指揮若定，調度有方，臨危不亂，該進該棄，把握分寸，收放自如，這一點正是李嘉誠最為放心的。

李嘉誠在住宅物業銷售方面用了一名女將洪小蓮，洪小蓮的年齡也不算大，她全面負責住宅物業銷售時，還不到 40 歲。

在長江實業上市之初，洪小蓮就作為李嘉誠的祕書隨其左右，後來又出任長江實業董事。

洪小蓮是長江實業出名的「靚女」，不僅人長得漂亮，風度好，而且待人熱情，做事潑辣果敢。在房地產界，在中環各公司，只要提起洪小蓮，可謂無人不知，無人不曉，她被商業界稱為「洪姑娘」。長江總部雖不到 200 人，卻是個超級商業帝國。每年為長江實業工作與服務的人數以萬計。資產市值在高峰期達 7300 兆元，業務往來跨越大半個地球。日常的大小事務，千頭萬緒，往往都要到洪小蓮這裡匯總。

洪小蓮的工作作風頗似李嘉誠，不但勤奮過人還是個澈底的務實派，就連面試一名信差、會議所需的飲料、境外客戶下榻的飯店房間等瑣事，她都要親自過問。

要處理日益龐雜的事務,沒有旺盛的體力精力智力,沒有日理萬機的工作效率,是不可想像的。

跟洪小蓮來往過的記者說:「洪姑娘是個『叻女』(有本事的女人),是完全「話得事」(說話算數,能拍板)的人。」

霍建寧、周年茂,加上女將洪小蓮,被輿論界並稱為長江實業系三駕新型馬車。長江的房地產發展有了周年茂,財務企劃又有了霍建寧,住宅物業銷售方面則有一名女將洪小蓮,此前這些工作全部是由李嘉誠一手包辦的,每件事都要親力親為。而現在,李嘉誠實現了角色換位,由管事型主管變成了管人型主管。

李嘉誠任用俊才,把自己從事無鉅細一把抓的初級階段釋放了出來,得以將主要精力放到了事關全域的重大決策上。

李嘉誠說:「假如今日沒有那麼多的人替代辦事,就算我有三頭六臂,也沒有辦法應付那麼多的事情,所以成就事業最關鍵的是要有人能夠幫助你,樂意跟你工作,這就是我的哲學。」

7. 多給弱者一點愛

當今社會「物競天擇,適者生存」是人類亙古不變的生存法則,而「恃強凌弱」就成了一種普遍的社會現象。那麼作為一個企業領導者又該以怎樣的標準去衡量、管理所有員工呢?

在一棵樹上不存在完全相同的兩片葉子。而在社會族群中,人與人之間是存在差異的。人與人的能力大小也正是在族群的比較中方可見分曉。而一家企業的員工在工作的過程中,因外在所受教育程度、個人生活閱歷以及自身素養、性格不同等原因呈現不同的工作能力。即工作能力呈現強弱之分,這時作為一名企業管理者是否應以工作能力的強弱來把員工劃分為三六九

等，並且寄予不同的待遇。

　　李先生的公司來了兩位女士，一位金某一位王某。金某性格內向，沉默寡言，給人一種愚蠢的感覺；而王某美貌出眾，活潑可愛，讓人看上去就覺得她才華橫溢。透過兩個月的工作，王某初綻頭角，以出色的公關才能，替公司賺了不少利潤，於是她得到了同事的羨慕以及老闆的賞識。老闆多次在會議上表揚她，並在第二季頒發了頭等獎。可是慢慢的，就開始暴露她原來的德性。她目空一切、自高自大、說東道西、挑撥離間、無事生非，有些同事在她的挑撥下反目成仇；也有些年輕的男同事在她的挑唆下，爭風吃醋、大打出手。好端端的單位變得亂如一團麻。打架的、鬧脾氣的，還有一位青年因對戀愛的一些錯誤觀念而對愛情喪失信心，心灰意冷離家出走。老闆對這些事非常重視，經過詳細調查，終於弄明白是王某一手造成的。於是公司開會，會議上點名責罵了她。王某不思悔改，兩個月後，她煽動兩個故鄉的朋友合夥貪汙公款，公司為此對她進行了嚴肅的會談。在責罵後的第一個月裡，她表現還不錯。一來閒話已沒人聽，人們都躲她躲得遠遠的；二來剛挨罵，她不敢再貿然行動。但到了第二個月，她的惡習又暴露出來，連續貪汙三次公款，先後煽動三個故鄉的朋友捲款潛逃。公司經理對她澈底絕望，斷然開除她。

　　同來的金某雖沒有李某的公關才能，但她勤懇老實，任勞任怨，在同事中享有較高的威信。部門主管把她安排在辦公室內做行政人員，她不但把自己的本職工作做得很好，而且還經常幫助有困難的同事，單位人員提起金某的為人，無不伸出拇指大加讚賞。後來老闆認為她大公無私，坦誠可靠，就把她提升為會計。她上任後，果然把工作做得井井有條。

　　所以說企業管理者不能因為員工不善言辭、不愛張揚表現就將該員工劃為「弱勢族群」，尤其不該歧視，忽略他們。

　　每個企業都由數人、數十人、甚至成千上萬人組成，企業每天的活動也

由許許多多的部門工作構成，由於個體的地位、利益和能力不同，他們對企業目標的理解、所掌握的資訊也不同，這就使得個體的目標有可能偏離企業的總體目標，甚至完全背道而馳，如何保證上下一心完成企業的總目標，這就需要企業管理者充分發揮其領導才能，自覺的協調個體間的工作，以保證組織目標的實現。個體都具備一定的潛能，即使是企業中地位最低、能力最差的員工也具備這種潛能。潛能的開發來自外界的激發和刺激，而這種外界的激發和刺激取決於企業管理者對待員工的態度和管理方法。尤其對於企業中的弱者，管理者應該把握好以下幾方面：

(1) 要平等待人，不能恃強凌弱。

對待弱者，會談，可以是一般的交流、談心，還是了解相關情況，或有針對性的對之說服、教育、責罵、幫助，自己首先要明白一點，即相互之間雖有職位高低、權利大小、角色主動與被動等差別，但在人格上則是平等的。不能居高臨下，要放下官架子，以平等的朋友式、同事式關係相待。若是動輒以「這件事已經定了」、「難道我錯了？」、「不信，走著瞧！」、「是你說了算還是我說了算？」、「你看著辦吧！」等口氣處理問題，勢必會產生戒備或反感。

(2) 要真誠關心。

每個人都渴望能引起別人的注意，得到同事特別是管理者的關心、理解、同情和幫助。因此，作為管理者，應注意經常觀察每個員工，尤其是弱勢員工的言行、舉止、態度、情緒和工作方面的微小變化或波動，並分析產生這些情況的可能原因。在發現員工的某些表現反常後，就要主動創造機會，例如，和主管的會議、和主管通電話等，讓他把自己的擔心、憂慮和煩惱傾訴出來，問題就解決了一大半。再加上一些分析和引導，並設身處地為他出主意、想辦法，就會使其備感主管的關心和組織的溫暖，並放下內心的

癥結，消除困惑、疑慮，解除後顧之憂，積極投入工作，當然，表達對同事的關心，應當是真誠的、負責的，虛情假意不行，不負責任更是有害。

（3）肯定優點長處。

肯定、讚揚和激勵，是增加一個人積極性的加油站。管理者在日常工作中要經常發掘弱勢員工做出的成績和優點，哪怕是對平淡無奇的小事加以稱讚，都能打動人，在表揚的激勵下，人們會把事情做得更好。善於發現每個弱勢員工的「亮點」，並及時在適當場合給予由衷的表揚和讚譽，是主管很好掌握的，比責罵更積極而且更為有效的工作方法之一。

（4）設身處地。

常言道：「換了位子，就換了腦袋。」這就要求主管要善於「換位思考」，學會設身處地站在對方的立場上考慮問題，甚至犯錯誤，往往也都是有自己「正當」的想法和理由的。善於換位思考，指出對方想法合乎情理的一面，並做同情的理解，既展現出對他人觀點的尊重，又可避免兩種觀點的正面衝突和尖銳對立。當然，設身處地和換位思考，並不等於遷就錯誤，而是為了體察事情的發生、發展，找準問題的原因和對方動機，以利於更有針對性的分析、引導，使對方較為容易接受自己的觀點。如果不試圖理解對方，而是一開始就拿出一些大原則和大道理，直截了當對號入座責罵對方，便很難達到滿意的效果。

（5）留餘地。

人們大都很愛面子，有時明知是自己錯了，為了維護自己的自尊心，往往也會使部分人強詞奪理，甚至無理糾纏。遇到此情況，除了需要掌握恰當的方式、方法外，還要注意留餘地，給人一個下臺的階梯，以保全對方的面子。因此，管理者切忌把話說滿、說絕、說死，不講任何情面、不留一點迴旋餘地。不然，不僅談話會充滿「火藥味」，還會招致對管理者個人敵意，

形成難以化解的心理隔閡。留餘地並不等於放棄原則和無條件退讓。遇到一些重大的原則問題，當對方觀點分歧較大，情緒都比較激動或僵持不下時，一句「要不等我再了解一下情況後再談」、「請你回去再考慮一下，等有機會我們再談」不僅可以緩解一下緊張氣氛，還能為自己留下更多的準備或研究餘地。

正所謂「人心齊，泰山移」，一個成功的管理者首先必備的就是這種上下一心、團結一致的凝聚力。這種凝聚力就要求管理者對待所有員工，上到高級主管，下到清潔人員，都要平等對待，一視同仁，必要時要寄予弱者更多的關愛與照顧。只有這樣，才能上行下效，攜手共進，產生無窮力量，使企業立於不敗之地。

8. 對腐敗分子不留情

在任何組織、團隊裡，腐敗就像人的身體長了毒瘤，各種機能都會降低，這就會不可避免威脅到管人者的管理效率。如果對待腐敗分子手下留情，必定會對自己和組織帶來很大傷害。對此，管理者必須認真的做到除惡必盡。

魏文侯時，任西門豹做鄴都（在河南省）太守。西門豹上任後，見閭里蕭條，人民很少。便召當地的父老到來，問民間有什麼疾苦，弄成這般！父老異口同聲說最苦的就是河伯娶媳婦了。

「奇怪！奇怪！河伯又怎能娶媳婦呢？」西門豹驚訝說，「其中必定有袖裡乾坤，說給我聽吧！」

其中一位說：「漳水自漳嶺而來，由沙城而東，經過鄴都，是為漳。河伯就是漳河之神，傳聞這個神愛好美女，每年奉獻一個夫人給牠，就可保雨水調勻，年豐歲稔，不然的話，河神一怒，必招致河水氾濫，漂溺人家。」

西門豹問：「究竟是誰搞的花樣？」

「是那一班神棍做的。這一帶經常患天災，人民甚苦，對於這件事又不敢不從。每年那班神棍串通一班土匪及衙役，乘機賦科民間幾百萬，除少許作為河伯娶媳婦費用外，其餘便二一分作五，分人私囊去了。」

「老百姓任其瓜分，難道一句話也不說？」

「唉！」父老說：「試問在公勢與私勢的夾迫之下，誰敢說半個不字！何況他們打著為百姓服務的官腔。每當初春下種的時候，那班主事神棍及鄉紳人等，便到處去尋訪女子，見有幾分姿色的，便說此女可以做河伯夫人了。父母不願意的，便多出些錢，叫他們去找別人；沒有錢的人家唯有把女孩送上。這樣，神棍便領這女孩到河邊的『行宮』住下來。沐浴更衣，然後擇一吉日，打扮女孩，放在一條草墊上，浮在河上，漂流了一會便自行沉下去做河伯夫人。這樣一來，凡有女孩的人家都紛紛遷徙逃避，所以城裡的人越來越少。」

西門豹一邊聽著，一邊眉頭越皺越緊，問道：「這裡的水災情況怎麼樣？」

「還好，自從年年進貢了河伯夫人之後，沒有發生過大水災。但究竟因本處地勢高，有些地方沒有水源，沒有水災，可又有旱災之苦！」

「好吧！」最後，西門豹說：「既然河伯這麼靈，當娶新夫人的時候，請來告訴我去觀觀禮！」

到時，那幾位父老果然來告訴西門豹，說本年度的新夫人已選出，定期行禮了。

這是一個隆重的日子，西門豹特別穿起官袍禮服，命令全城官紳民眾等參加。遠近百姓聞訊從四鄉跑來看熱鬧，河邊聚集了幾千人，盛況空前。

一位「媒人」鄉紳，把主事的大巫擁過來了。西門豹一看，原來是一個老女巫，一副了不起的傲態，她後面跟著 20 多位女弟子，衣冠楚楚，捧著

巾櫛爐香，侍候在左右。

西門豹開口問：「請把那位河伯夫人帶過來讓本官看看好不好？」

老巫不說話，示意弟子去把河伯夫人帶來。

西門豹審視該未來的河伯夫人，見她雖鮮衣在身，但也不是十分漂亮，而且愁容滿面的。便對老巫及左右的官紳弟子說：

「河伯是位顯赫的貴神，娶婦必定是位絕色的女子才相稱，我看這位女子，醜陋得很，不配做河伯夫人。現請大巫先去報告河伯，說本官再為他找一位漂亮的夫人，然後改期奉獻給他。」

他一聲令下叫左右衛士把老巫丟下河裡去。左右的人大驚失色，西門豹若無其事立靜等候。

一會，他又說：「老婦人做事太沒效率了，去報信這麼久還不見回來。還是派一位能幹的弟子走走吧！」

又催衛士把為首的一位女弟子拋下河去，不久又說：「連弟子都不回話了，再叫一位去吧！」

連續拋了三個弟子下去，一個也沒有回頭。

「哦！是了。」西門豹還像演戲一樣，說：「她們都是女流之輩，不會辦事的，還是請一位能幹紳士去吧！」

那紳士方欲懇求，西門豹卻大喝一聲：「毋容推搪，速去速回！」

於是，衛士左牽右拉，不由分說，「咚」的一聲，將紳士丟下河去，濺起一陣水花，旁觀者皆為吐舌，靠近的不敢出聲，遠站著的在交頭接耳。

只見西門豹整衣正冠，向河裡深深作揖叩頭，恭敬等候。過了好一會，他又埋怨道：

「這位鄉紳簡直洩氣之至，平日只曉得魚肉鄉民，連這點小事都辦不來，真是豈有此理！── 也罷，既然他年老不濟事，你們這班年輕的給我走一走！」他順手向那班衙役裡頭一指。

嚇得他們面如土色，汗流浹背，一齊跪下去，叩頭哀求，汗流滿面。

「且再待一會吧！」西門豹自言自語說道。

又過了一刻鐘光景，西門豹感嘆一聲，對大家說：「河水滔滔，去而不返，河伯安在？枉殺民間女子，你們要負起全部責任！」

「啟稟老大爺！我們是被騙的，全是女巫指使！」眾人異口同聲說道。

西門豹正色斥責起來：「好人又怎會跟壞人做壞事？今日姑且饒你們一次，給你們重新做人的機會！」

「多謝大老爺！」

「可是，今朝主凶的神棍已死，以後再有說起河伯娶婦的事，即令其人做媒，往河伯處報訊！」

因此，把這班助巫為虐的財產沒收，全部發還給老百姓，將那批女弟子配給年長的王老五做老婆。巫風邪說遂絕，逃避他鄉的居民亦紛紛回故里安居。

這一段故事把西門豹誅惡的過程演繹得活靈活現。我們看到，作為一個剛到任的管人者，西門豹迅速找到問題的癥結所在，對製造問題的「首惡」採取了嚴懲不赦的果斷舉措，效果立現。所以，管理者要坐穩位置，達到令出有所從，就不可避免採用強硬的手段。

9. 給下屬情面就是給自己情面

俗語說：「予人玫瑰，手有餘香」，意思是說給予別人適當的尊重與關愛，那麼你自己也會感受到同樣的愛的氣息與喜悅之情。就像你留給別人一個情面，人家便欠了你一個人情，他是一定要回報的，因為這是人之常情。留情面就像你在銀行裡的存款，存得越多，存得越久，紅利便越多。所以說給別人留情面，就是給自己留情面。

戰國時候，秦國最強，常常進攻別的國家。

有一回，趙王得了一件無價之寶，叫和氏璧。秦王知道了，就寫一封信給趙王，說願意拿十五座城換這塊璧。

趙王接到了信非常著急，立即召集大臣來商議。大家說秦王不過想把和氏璧騙到手罷了，不能上他的當，可是不答應，又怕他派兵來進攻。

正在為難的時候，有人說有個藺相如，他勇敢機智，也許能解決這個難題。

趙王把藺相如找來，問他該怎麼辦。

藺相如想了一會兒，說：「我願意帶著和氏璧到秦國去。如果秦王真的拿十五座城來換，我就把璧交給他；如果他不肯交出十五座城，我一定把璧送回來。那時候秦國理虧，就沒有動兵的理由。」

趙王和大臣們沒有別的辦法，只好派藺相如帶著和氏璧到秦國去。

藺相如到了秦國，進宮見了秦王，獻上和氏璧。秦王雙手捧住璧，一邊看一邊稱讚，絕口不提十五座城的事。藺相如看這情形，知道秦王沒有拿城換璧的誠意，就上前一步，說：「這塊璧有點小毛病，讓我指給您看。」秦王聽他這麼一說，就把和氏璧交給了藺相如。藺相如捧著璧，往後退了幾步，靠著柱子站定。他理直氣壯的說：「我看您並不想交付十五座城。現在璧在我手裡，您要是強逼我，我的腦袋和璧就一塊撞碎在這柱子上！」說著，他舉起和氏璧就要向柱子上撞。秦王怕他把璧真的撞碎了，連忙說一切都好商量，就叫人拿出地圖，把允諾劃歸趙國的十五座城指給他看。藺相如說和氏璧是無價之寶，要舉行個隆重的典禮，他才肯交出來。秦王只好跟他約定了舉行典禮的日期。

藺相如知道秦王絲毫沒有拿城換璧的誠意，偷偷的叫手下人換了裝，帶著和氏璧抄小路先回趙國去了。到了舉行典禮那一天，藺相如進宮見了秦王，大大方方的說：「和氏璧已經送回趙國去了。您如果有誠意的話，先把

十五座城交給我國，我國馬上派人把璧送來，絕不失信。不然，您殺了我也沒有用，天下的人都知道秦國是從來不講信用的！」秦王沒有辦法，只得客客氣氣的把藺相如送回趙國。

這就是「完璧歸趙」的故事。藺相如立了功，趙王封他做上大夫。

過了幾年，秦王約趙王在澠池會見。趙王和大臣們商議說：「去的話，怕有危險；不去的話，又顯得太膽怯。」藺相如認為對秦王不能示弱，還是去比較好，趙王才決定動身，讓藺相如隨行。大將軍廉頗帶著軍隊送他們到邊界上，做好了抵禦秦兵的準備。

趙王到了澠池，會見了秦王。秦王要趙王鼓瑟。趙王不好推辭，鼓了一段。秦王就叫人記錄下來，說在澠池會上，趙王為秦王鼓瑟。

藺相如看秦王這樣侮辱趙王，生氣極了。他走到秦王面前，說：「請您為趙王擊缶。」秦王拒絕了。藺相如再要求，秦王還是拒絕。藺相如說：「您現在離我只有五步遠。您不答應，我就跟您拚了！」秦王被逼得沒法，只好敲了一下缶。藺相如也叫人記錄下來，說在澠池會上，秦王為趙王擊缶。

秦王沒占到便宜。他知道廉頗已經在邊境上做好了準備，不敢拿趙王怎麼樣，只好讓趙王回去。

藺相如在澠池會上又立了功。趙王封藺相如為上卿，職位比廉頗高。

廉頗很不服氣，他對別人說：「我廉頗攻無不克，戰無不勝，立下許多大功。他藺相如有什麼能耐，就靠一張嘴，反而爬到我頭上去了。下次我碰見他，就讓他下不了臺！」這話傳到了藺相如耳朵裡，藺相如就請病假不上朝，免得跟廉頗見面。

有一天，藺相如坐車出去，遠遠看見廉頗騎著馬過來了，他趕緊叫車夫把車往回趕。藺相如手下的人可看不順眼了。他們說：「藺相如怕廉頗像老鼠見了貓似的，為什麼要怕他呢？」藺相如對他們說：「諸位請想一想，廉將軍和秦王比，誰厲害？」他們說：「當然秦王厲害！」藺相如說：「秦王我

都不怕，會怕廉將軍嗎？大家知道，秦王不敢進攻我們趙國，就因為武有廉頗，文有藺相如。如果我們倆鬧不和，就會削弱趙國的力量，秦國必然乘機來打我們。我之所以避著廉將軍，為的是我們趙國啊！」

藺相如的話傳到了廉頗的耳朵裡。廉頗靜下心來想了想，覺得自己為了爭一口氣，就不顧國家的利益，真不應該。於是，他脫下戰袍，背上荊條，到藺相如門上請罪。藺相如見廉頗來負荊請罪，連忙熱情迎接。從此以後，他們倆成了好朋友，同心協力保衛趙。

在爭奪權力的過程中，當以寬大為懷。給人留個臺階，也是為你自己留條退路。不給別人留臺階，最後自己也會沒有臺階可下。所以，做人要得饒人處且饒人，給人留個臺階，也是為你自己留條退路。

留有情面，是企業管理者對員工的一份小小的感情投資，所帶來的經濟效益必是沒有窮盡的。

吳起是戰國時期著名的軍事家，他在擔任魏軍統帥時，與士卒同甘共苦，深受下層士兵的擁戴。當然，吳起這樣做的目的是要讓士兵在戰場上為他賣命，多打勝仗。他的戰功大了，爵祿自然就高了。「一將成名萬骨枯！」

有一次，一個士兵身上長了膿瘡，作為一軍統帥的吳起，竟然親自用嘴為士兵吸膿血，全軍上下無不感動，而這個士兵的母親得知這個消息時卻哭了。有人奇怪的問道：「妳的兒子不過是小小的兵卒，將軍親自為他吸膿瘡，妳為什麼哭呢？妳兒子能得到將軍的厚愛，這是妳家的福分哪！」這位母親哭訴道：「這哪裡是愛我的兒子呀，分明是讓我兒子為他賣命。想當初吳將軍也曾為孩子的父親吸膿血，結果打仗時，他父親格外賣力，衝鋒在前，終於戰死沙場；現在他又這樣對待我的兒子，看來這孩子也活不長了！」

人非草木，孰能無情，有了這樣「愛兵如子」的統帥，部下能不盡心目力，效命疆場嗎？

吳起絕不是一個重感情的人，他為了謀取功名，離鄉背井。母親死了，

他也不還鄉安葬；他本來娶了齊國的女子為妻，為了能當上魯國統帥，竟殺死了自己的妻子，以消除魯國國君的懷疑，所以史書說他是個殘忍之人。就是這麼一個人，對士兵卻關懷備至，像吸膿吮血的事，父子之間都很難做到，他卻一而再，再而三的去做，難道他真的是鍾情於士兵、視兵如子嗎？自然不是，他這麼做的唯一目的是要讓士兵在戰場上為他賣命。

俗話說「將心比心」，你想要別人怎樣對待自己，那麼自己就要先那樣對待別人，只有先付出愛和真情，才能收到一呼百應的效果。

10. 營造一個良好的「家庭式」氛圍

孫子說：「上下同欲者勝。」而「團結就是力量」這句話，被現代人說了很多次，有人便認為此話已俗氣，其實它包含著顛撲不破的真理。為什麼「人和」具有如此之大的功效呢？道理很簡單：四個人拉一輛車，要是朝一個方向用力，就會順利啟動車輪，到達目的地；如果四人各朝一個方向用力，就難以使車輪轉動，由此說明「和諧」的重要性。小到家庭、團體組織，大到一個國家，無不需要一種和諧的氛圍，正所謂「家和萬事興」。

一家企業若想在激烈的市場競爭中有長久的立足之地，首先就要營造和諧相容的「家庭式」氛圍。

松下電器公司的電器產品在世界市場上早就聞名遐邇，被企業界譽為「經營之神」的公司創始人松下幸之助，也因暢銷書《松下的祕密》而名揚全球，備受崇拜。現在，松下電器公司已被列入世界 50 家最大公司的排名之中。1990 年由日本 1500 多名專家組織評選的該年度日本「最佳綜合經營管理」的 15 個公司，其中松下電器公司名列榜首。

松下電器公司獲得成功的一個重要因素是「精神價值觀」。松下幸之助規定公司的活動原則是：「認清企業家的責任，鼓勵進步，促進全社會的福

利，致力於世界文化的繁榮發展。」松下先生為全體員工規定的經營信條是：
「進步和發展只能透過公司每個人的共同努力和協力合作才能實現。」進而，
松下幸之助還提出了「產業報國、光明正大、友善一致、奮鬥向上、禮節謙
讓、順應同化、感激報恩」等七方面內容構成的「松下精神」。

　　在日常管理活動中，公司非常重視對廣大員工進行「松下精神」的宣傳
教育。每天上午八點，松下電器公司遍布各地的 87000 多名員工都在背誦企
業的信條，放聲高唱〈松下之歌〉松下電器公司是日本第一家有精神價值觀
和公司之歌的企業。在解釋「松下精神」時，松下幸之助有一句名言，如果
你犯了一個誠實的錯誤，公司是會寬恕你的，把它作為一筆學費；而你背離
了公司的價值規範，就會受到嚴厲的責罵，直至解僱，正是這種精神價值觀
的作用，使得松下電器公司這樣一個機構繁雜、人員眾多的企業產生了強勁
的內聚力和向心力。

　　與此同時，松下電器公司建立的「提案獎金制度」也是很有特色的。公
司不僅積極鼓勵員工隨時向公司提建議，而由員工選舉成立了一個推動提供
建議的委員會。在公司職員中廣為號召，收到了良好的效果。僅 1985 年 1
月到 10 月，公司下屬的技術次廠雖只有 1500 名員工，提案卻多達 75000 多
個，平均每人 50 多個。1986 年，全公司員工一共提出了 663475 個提案建
議，其中被採納的多達 61299 個，約占全部提案的 10％。公司對每一項提
案都予以認真的對待，及時、全面、公正的組織專家進行評審，觀其價值大
小，可行性與否，給予不同形式的獎勵。即使有些提案不被採納，公司仍然
要給以適當的獎賞。1986 年，松下電器公司用於獎勵職員提案的獎金就高
達 30 多萬美元。正如松下電器公司勞工關係處處長阿蘇津所說：「即使我們
不公開提倡，各類提案仍會源源而來，我們的員工隨時隨地在家裡、在火車
上，甚至在廁所裡都在思索提案。」

　　松下幸之肋經過常年觀察研究後發現：按時計酬的職員僅能發揮工作效

能的 20% 至 30%，而如果受到充分激勵則可發揮 80% 至 90%。因此松下先生十分強調「人情味」管理，學會合理的「感情投資」和「感情激勵」，即拍肩膀、送紅包、請吃飯。

值得一提的是他們的「送紅包」。當你完成一項重大技術革新，當你的一條建議為企業帶來重大效益的時候，老闆會不惜代價重賞你。他們習慣於用信封裝好錢，個別而不是當眾送給你。對員工來說，這樣做可以避免別人，尤其是一些「多事之徒」不必要的斤斤計較，減少因獎金多寡而滋事的可能。

至於逢年過節，或是廠慶，或是員工婚嫁，廠長經理們都會慷慨解囊，請員工赴宴或上門賀喜、慰問。在餐桌上，上級和下屬可盡情話家常、談時事、提建議，氣氛和睦融洽，它的效果遠比站在講臺上向員工發號施令好得多。

為了消除內耗，減輕員工的精神壓力，松下電器公司公共關係部還專門開闢了一間「出氣室」。裡面擺著公司大大小小行政人員與管理人員的橡皮塑像，旁邊還放上幾根木棒、鐵棍。假如哪位員工對自己某位主管不滿，心有怨氣，你可以隨時來到這裡，對著他的塑像拳腳相加棒打一頓，以解心中積鬱的悶氣。過後，相關人員還會找你談心聊天、溝通，替你解惑指南。久而久之，松下電器公司就形成下上下一心、和諧相容的「家庭式」氛圍。

一個組織在生存發展的過程中，必然要協調兩種關係：一是組織與外部環境的關係（即如何適應環境）；二是組織內部的關係。協調內部關係是協調組織與外部關係的基礎。組織內部關係不外乎兩類，即人與人的關係和人與物的關係。其中人與人的關係占據主導地位，這一關係處理得好，對處理好人與物的關係有著保證作用。所謂「人和」。有兩層含義：其一，團結一心，感情融洽；其二，配合默契，協調動作。這也是組織內人與人關係協調的兩個重要標誌。也可以說，人和就是人與人關係的協調。

親睦和諧的氣氛的形成，受制於多種因素，其中，居於組織核心地位的

管理者的主觀努力，有著關鍵的決定性作用。

(1) 使組織成員有明確的、相同的價值觀念。

共同的理想和追求，是組織成員團結合作的心理基礎。如果忽視了這一點，只尋求性格一致、脾氣相投，這樣的和諧是低層次的、不可靠的。只有具備明確的、相同的價值觀念，人們才能在較高層次上求同存異，這樣的和諧才有價值。

自 1980 年開始，企業文化熱風靡了世界管理舞臺，特別是在已開發國家，許多企業紛紛將自己的追求用簡練概括的語句表述出來，冠以「企業哲學」、「企業精神」的名目，並力求在員工中達成共識。如松下電器公司追求「專一、迅速、團體觀念和社會責任」、比利時莫爾汽車集團堅持「專業化、品質、靈活和滿足需求」。事實證明，這種明確化的價值觀念，在凝聚力量、統一核心思維和行動方面都有重要作用。

(2) 廣布愛心於組織之中

在組織內部上下左右廣泛溝通感情，互相愛護、互相幫助，彼此成為知己，這樣做的效果在於能夠一呼百應，形成凝聚力。

日本 SONY 公司很注重用親情感化員工，公司內的領班、廠長每天早上用五分鐘時間開個短會，與當班工人會面。發現誰的臉色不好或情緒低落，就要問清原因。員工若存在某些困難，公司都設法幫助解決，這種作法極大的激起了員工為公司努力工作的積極性。

(3) 善於化解組織成員間的矛盾

組織成員越多，越容易產生矛盾，大家在一個企業上班，難免有磨擦。作為管理者，要做好疏導工作，使組織成員經常保持團結。

(4) 注意抑制統一組織內部派系組織的負面作用。

現代社會組織內部，普遍存在著非正式的派別關係，如同學、同鄉、師

生、親戚等，管理者也應從劉備身上吸取經驗教訓，注重對派別行為進行引導，使之發揮正面作用，抑制負面作用，以維護統一組織的親睦和諧與團結一致。

(5) 注重個體間的協調與配合。

如同一個人的身體，只有身首四肢各安其位，才能行臥自如。一個組織，在所有成員團結一致的基礎上，也應當進行科層分工，使組織成員各就其位，各展所長，從事各自能夠勝任並有興趣的工作。互相合作，彼此配合，組織才會充分發揮其功能。

當然，創造親睦和諧的氣氛絕不是說在組織內只求一團和氣而不講原則，不要規章制度。如此，則組織內個體的行為就失去了約束，人們便會隨心所欲、為所欲為而成為一盤散沙，失去了為實現組織目標的統一意志和奮鬥力。組織內部團結一致，左右親和，有益於員工的身心健康，便於工作積極性的發揮，產生高昂士氣。否則，上下異心，左右矛盾，內耗增大，組織士氣低落，員工的積極性無法發揮。

要實現上下同欲，從根本上講，就是上下的利益必須一致，沒有共同的利益，僅僅依靠空洞的說教，充其量只能是貌合神離。在西班牙的巴利亞利群島上，有個法國人曾開辦了一個多國服務公司，經營多年，卻囊空如洗，不得不撤離該島。其後，那些餐廳、飯店、酒吧的工作人員自己組織了一個合作社，合作社的主任既是管理者，也是端盤上菜的服務生。按規定，管理者最高薪水不得超過清潔工的 1.5 倍，大家利益一致，工作十分賣力，生意非常興隆，一年中賺取了 7000 披索。合作社上交的稅金是西班牙同行的兩倍，每個職員除了領取薪水以外，年終還得到了巨額獎金。

日本更注意發揮傳統的「和為貴」的管理經驗的作用，許多日本公司把「和睦精神」當做公司的宗旨。為了加強員工對企業的歸宿感，日本企業實

行「終身僱用」制，使員工與所在企業的命運緊密相連，工人怕企業倒閉使自己失業而拚命工作。與「終身制」相似的是「年資序列薪水制」，薪水一半取決於年資，另一半取決於技能和對企業的貢獻，從而強化了員工對企業的認同感。

第二章
恩威並舉，黑臉白臉輪著唱

上司要贏得下屬的心悅誠服，一定要恩威並施，剛柔相濟。高明的企業管理者深諳此理，有時兩人連檔唱雙簧，一個唱紅臉，一個唱白臉；有更高明者，可像高明的演員，根據角色需要變換臉譜。今天是溫文爾雅的賢者，明天變成殺氣騰騰的武將。

1. 又打又拉，唱好紅白臉

在京劇裡，演員面部化妝，以各種人物不同，在臉上塗有特定的譜式和色彩以寓褒貶。其中紅色表示忠勇，白色表示奸詐。不同的臉譜顯示了不同的角色特徵。關係學中紅白臉相間藉用京劇臉譜的名稱，但它要比京劇中簡單化的臉譜複雜得多，它是寬猛相濟、恩威並施、剛柔並用的綜合，是一種高級統馭術。

高明的企業管理者深諳此理，為避此弊，莫不運用紅白臉相間之策。有時兩人連檔唱雙簧，一個唱紅臉，一個唱白臉；有更高明者，像高明的演員，根據角色需要變換臉譜。今天是溫文爾雅的賢者，明天變成殺氣騰騰的武將。歷史上不乏此類高手善用此法之例證。

三國時期，蜀國南方諸夷發動叛亂。蜀相諸葛亮深知南中之事，不僅關係到蜀漢後方的穩定，同時也關係到北伐大業，就下決心親自率軍遠征。

此次出兵，諸葛亮兵分三路，沿途平定零星叛軍，主力行至益州郡。孟獲為叛軍頭領，為少數民族首領，在南中地區很有威信和影響。當諸葛亮聽說孟獲不但作戰勇敢，而且在南中各個地區的部族人民中很有威望，想到如

果把他爭取過來，就可以解決少數民族和蜀漢政權的關係，消除南中時常叛亂的根源，會使蜀國有一個安定的大後方。諸葛亮深知孟獲的個性，應以攻心為上，攻城為下；心戰為上，兵戰為下。不可專用武力，而應注意征服他們的心。於是，他決定唱一次紅白臉，下令只許活捉孟獲，不得傷害。

當蜀軍和孟獲的部隊初次交鋒時，諸葛亮授意蜀軍故意退敗，引孟獲追趕。孟獲仗著人多勢眾，只顧向前猛衝，結果中了蜀軍的埋伏，被打的節節敗退，自己也做了俘虜。當蜀軍押著五花大綁的孟獲回營時，孟獲心知此次必死無疑，便刁鑽使橫，破口大罵。誰知一進蜀軍大營，諸葛亮不但立即讓人鬆了他的綁繩，還陪他參觀蜀軍營寨，好言勸他歸降。孟獲野性難馴，不但不服氣，反而倨傲無禮，說諸葛亮使詐。諸葛亮毫不氣惱，放他回去，二人相約再戰。

孟獲回去之後，重整旗鼓，又一次氣勢洶洶進攻蜀軍，結果又被活捉。諸葛亮勸降不成，又一次把孟獲送出大營。孟獲也是個倔強脾氣，回去又率人來攻並同時改變進攻策略，或堅守渡口，或退守山地，卻怎麼也擺脫不了諸葛亮的控制。一次又一次遭擒，一次又一次被放。

到了第七次被擒，諸葛亮還要再放他走，孟獲流著淚說：「丞相對我孟獲七擒七縱，可以說是仁至義盡，我打心眼裡佩服，從今以後，我絕不再提反叛之事。」

結果，諸葛亮唱的這次紅白臉使孟獲回去之後，說服各個叛亂部落全部投降，南中地區重新歸屬蜀漢控制。自此，蜀國的大後方變得穩定，南方各族人民也得以休養生息，安居樂業。

統治者需應付的事，需對付的人各式各樣，所以只有一手是不行的。紅白臉相間也就是一文一武，一張一弛，既有剛柔相濟，又恩威並施，各盡其用。任何一種單一的方法只能解決與人有關的特定問題，都有不可避免的副作用。對人太寬厚了，便約束不住，結果無法無天；對人太嚴格了，則萬馬

齊暗，毫無生氣，有一利必有一弊，不能兩全。

在日常工作過程中，身為管理者，對部屬下達任務，發號施令，這是很自然的事情。可是，怎樣下達命令才會使自己的計畫能得到澈底的實施呢？才能使部下樂於積極、主動、出色、創造性的去完成工作呢？

有的管理者經常這樣說：「小李，趕工這份資料，你必須盡你最快的速度，如果明天早上我來到辦公室在我的辦公桌上沒有看到它，我將……」或者是：「你怎麼可以這樣做？我說過多少次了，可你總是記不住！現在把你手中的工作停下來，馬上給我重做！」

這樣，管理者與部下的關係就完完全全進入了一種「惡性循環」。毛病就出在管理者下達命令的方式上！絕不能因為自己是管理者，所以就有權在別人面前指手劃腳，發號施令；就可以對別人頤指氣使，呼來喚去；就可以靠在軟綿綿的椅子裡，指揮別人去做這個，去做那個？

沒有一個下屬會喜歡管理者這種命令的口氣和高高在上的架勢！

儘管自己是總經理，下屬是小職員，可是在人格地位上是平等的。所不同的，只不過是分工不同，職務不同，而不是存在著什麼高低貴賤的區別。就算是「經理」比「職員」具有更多的權力或是其他什麼，那麼是由「經理」這個職務帶來的，而不是自身與生俱來的！是管理者這種趾高氣揚、自傲自大的態度激怒了別人，而不是工作本身使人不快！

所以，管理者想讓屬下用什麼樣的態度去完成工作，就用什麼樣的口氣和方式去下達任務。多用「建議」，而不用「命令」。這樣，不但能使對方維持自己的人格尊嚴，而且能使人積極主動、創造性的完成工作。即便是管理者指出了屬下工作中的不足，對方也會樂於接受和改正，與你合作。

正如此意，馬基維利所說：「君主必須是一頭狐狸，以便認識陷阱；同時又必須是一頭獅子，以便使豺狼驚駭。」這充分指出管理者在管理執行中應該扮演的紅白臉角色，又打又拉，角色適中。

2. 彈性管理，留有餘地

彈性是一定程度上的自由調整、發揮的空間。針對彈性管理，彈性管理是管理的原則性和靈活性的統一，即透過一定的管理手段，使管理對象在一定條件的約束下，具有一定的自我調整、自我選擇、自我管理的餘地和適應環境變化的餘地，以實現動態管理的目的。彈性管理最突出的特徵就是「留有餘地」。彈性管理的作用在於使組織系統內的各環節能在一定餘地內自我調整、自我管理以加強整體配合；同時又能使組織系統整體能隨外界環境的改變而在一定餘地內自我調整以具有適應性。

在中國古代，很早就存在這種管理制度。只是封建社會裡，皇權至高無上，但權力又必須賦予具體的個人和組織行使，若在賦予大臣權力的同時，沒有相應的掣肘，必將導致個人對權力的絕對占有。在中國歷史上，大臣專權，皇權旁落，這種事時有發生。

歷史教訓值得吸取，中國式管理歷來十分注重這點，其認為要防止大臣濫用權力或取而代之，就必須以權力制約權力，也就是找準權力的制衡點，令他們互相牽制，最終達到相互促進，競相為朝廷效力的目的。在這一點上，劉備做得最為突出。

劉備在彌留之際仍保持著清醒的政治頭腦，而且長遠無比。這從他巧托孤、任命輔佐大臣一事就可以看出。彌留之際，他一手掩淚，一手握著諸葛亮的手囑咐說：「君才十倍曹丕，必能安國，終定大事。若嗣子可輔則輔之，如其不才，卿可自立為成都之主。」這句死前囑託簡直比曹操的那句人生哲學「寧可我負天下人，不可天下人負我。」更加奸詐狡猾，不僅籠絡了諸葛亮的心，使其六出祁山、鞠躬盡瘁，誓死報答劉備的知遇之恩，更鞏固了劉禪的基業。

劉備深知諸葛亮有能力，聲譽又頗佳，缺了他，偌大的西蜀將無法正常

運轉，但若不把他安撫了，萬一他設計對付劉禪，那就慘了。

　　諸葛亮是可托孤之人，只要把他的位置擺正了，一切就好說了。劉備對於自己的兒子劉禪怎樣的懦弱無能已經很清楚了，正基於此，劉備乾脆把劉禪「不才」這個事實明擺了出來，卻要讓諸葛亮以為是劉備對他的信任。這樣一來，即便劉禪以後真的到了不可輔佐的地步，諸葛亮也不會效法伊尹、霍光，而會甘心當周公、蕭何。

　　果然，當懦弱的後主妄信讒言，將勝利在望的諸葛亮召回的時候，諸葛亮所做的僅是苦口婆心的勸誠。這種既不符合他的智慧也不符合他的性格的做法，直接來自於劉備在幕後設置的那雙黑手的操縱。

　　另一個值得注意的地方是諸葛亮身邊的黑臉大臣，這就是千夫所指的李嚴。看過三國的都知道諸葛亮第五次出祁山，就是因為此人謊報軍情而喪失了又一次寶貴的機會。但少有人知道李嚴曾經也是與諸葛亮平起平坐的權臣。

　　劉備托孤時，文托諸葛亮，武托李嚴，實際上是一手很險惡的招數。他怕諸葛亮暗中操縱西蜀政權，為了穩妥，又令在川中自成一系的李嚴掌管內務，協助諸葛亮，實際上是讓他們相互制衡。

　　李嚴的人品劉備也是相當清楚，將內務托給一個奸佞小人，這裡有一個微妙的道理：一忠一奸、一賢一佞，相互掣肘，組成了一個穩定的架構。

　　對比魏、吳兩國，我們不得不讚嘆這是非常高妙的政治手段。魏國是能人司馬氏專權，結果能人及其兒孫把曹家取而代之了；吳國是小人專權，結果兩代小人把朝廷弄得帝位更易，內訌迭起。而劉備的這種安排和上面提到的那句話合起來組成了一個雙保險，使得蜀漢綿延數十年而內部不亂。

　　高明的管理者懂得：對待一個下屬，既不要把他看作敵人，也不要把他看得太親密。親而不可太近，疏而不宜過遠。取其彈性中段較宜。對一件事，從理論上講，要辦它就要想一定能辦成，辦的過程中可能遇到麻煩，但

從不定死哪件事不可辦，叫做不見底不回頭。這就是對人對事彈性為本的策略。這個策略起碼留有餘地，保存實力，達到時時主動的功效。

中國式管理告訴我們，當一個政治體系內產生權高震主或對立的勢力、黨派時，作為帝王或管理者如果一時無法消除這些勢力或其對立狀態，那就必須憑藉自己的地位和影響製造出能與之相抗衡的力量，以控制對立的雙方，並使他們在同一政治體系內共存，相互制衡，以達到權力的平衡點。

在權力紛爭中善於製造矛盾和利用矛盾，這就是政治上的平衡點和防止大權旁落的祕訣。

另外，中國式管理還講究不公開的制衡。管理者在人事安排、資源配置上必須私下將各種勢力作妥善的平衡，方能保持內部的和諧安定，如此，也能顯示出自身的領導才能。

這種「彈性管理」的方法不僅適用於封建社會，就是在經濟全球化的今天，也同樣適用於全球經濟管理企業。

隨著知識經濟時代的到來，企業面臨的經營環境卻越來越無法預測，充滿變數又商機無限。IBM總裁在最近一次演講中提到：就資訊相關產業而言，每十年將重新洗一次牌。言外之意，當前如微軟、康柏這樣的行業領先公司，很可能在下一波的競爭中慘遭淘汰。不只是資訊產業，其他如高科技、金融、建築施工、服務等行業都正在進入或即將面臨這樣的經營環境。未來的經營環境究竟如何，無人可以預知，但其核心是「變化」，則毫無疑問。

全球經濟在 1992 年由衰退逐漸復甦，資訊及相關產業主宰了大部分的製造業及服務性產業。然而，我們可以看到的是一些曾經輝煌的大型跨國企業，如 APPLE、迪吉多（DEC）等，或因為整體策略規劃失誤，或因為核心業務調整，而被迫進入痛苦的重組，相競將行業領導地位拱手讓出。與此同時，一些名不見經傳的小型公司，如微軟、雅虎、亞馬遜等卻透過掌握自身的核心技術，依靠一批優秀人才建立企業的核心競爭價值而迅速的成

長起來。

　　未來企業面臨的經營環境將是：市場變化更加迅速，產品生命週期越來越短，消費者偏好的多元化趨勢更加明顯，企業因之而進入白熾化競爭階段。在整個的角逐中，自有智慧財產權或核心技術、管理與市場行銷能力、創新構成了企業的核心競爭能力，無可置疑，優秀的人力資源絕對是這場戰爭中制勝的關鍵。這就對企業的人力資源管理，尤其是處於基礎性的、計劃性的中長期人力資源規劃提出了更高的挑戰。而如何使企業的中長時期人力資源規劃既能適應市場變化導致的人力需求，又能擺脫固定人力架構造成產品成本過高的缺陷，則是人力資源規劃所面臨的核心問題。

　　相信問題的解答應是使企業的人力資源規劃具有彈性。彈性人力資源規劃能切實提高企業的應變能力，為企業在未來環境中的生存和發展奠定堅實的基礎。所謂彈性人力資源規劃，就是基於企業的核心競爭能力，重新評估並規劃企業的人力資源，形成一個一般性的如功能表式的人力資源組合，以便在保證企業核心競爭優勢需要的條件下，達到滿足因外部經營環境變化導致的臨時性人力需求的目標。

3. 寬嚴適度顯威嚴

　　管理者要贏得下屬的心悅誠服，一定要寬嚴並施。

　　所謂寬，則不外乎親切的話語及優厚的待遇，經常關心他們的生活，聆聽他們的憂慮，他們的起居飲食都要考慮周全。和他們說話時再加上一個微笑，這名下屬的工作效率一定會大大提高，他會感到，上司很關心我，我要好好工作！

　　所謂嚴，就是必須有命令與責罵。一定要令行禁止，不能始終客客氣氣，為維護自己平和謙虛的印象，而不好意思直斥其非。必須拿出做上司的

威嚴來，讓下屬知道你的判斷是正確的，必須不折不扣的執行。恩是溫和、獎勵；威是嚴格、責備。身為一個管理者，對於恩、威要能配合運用。

管理者的威嚴還表現在對下屬安排工作，交代任務上。一方面要勇於放手讓下屬去做，不要自己包打天下；一方面在交代任務時，要明確要求，什麼時間完成、達到什麼標準。安排了以後，還必須檢驗下屬完成的情況。

「寬嚴得宜，恩威並用」的意義，並不是恩、威各占一半，而是說依事情的情況而定，恩威配合，以身作則教導部屬，如此，部屬一定會樂意完成交給他的任務。

對於部下，應用慈母的手緊握鍾馗的利劍。平日裡關懷備至，錯誤時嚴加懲戒，寬嚴並施，如此才能成功統禦。

以企業來說，如果欠缺嚴格的管理，一味溫和，下屬很容易會被慣壞，而言行也變得隨便，毫無長進；但若過分嚴格，往往會導致部屬心理畏縮，表面順從，實際對抗，對事情沒有自主性，也缺乏興趣。如此一來，不僅人力不能有效發揮，整個機構也將毫無生機了。

當下屬犯的錯誤較嚴重時，管理者就必須對其執行某種形式的懲罰。懲罰下屬時，不只是為了懲罰而懲罰，而是要達到懲罰的目的。懲罰時，通常要帶某種形式的糾正行動，目的只是為了防止未來再犯同樣的錯誤。

日本電影《幸福的黃手帕》，描述了一位刑滿釋放的丈夫，懷著忐忑不安的心情踏上回家的路，不知妻子是否還能愛他，因此事先通知妻子，如接受他回家，便請在門口掛一條黃手帕，否則他將繼續遠行，浪跡天涯。當他到達時，許多條黃手帕在迎風招展。這個故事不知感動了多少人，生活中也確有相似的事例。

一個工人由於工作不負責，在生產的關鍵時刻馬馬虎虎，造成了重大事故，他被捕入獄。獄中，他後悔莫及，但他沒有消沉，認真反省自己的過錯。快要出獄前夕，他寫了封信，信中說：「我清楚自己的罪過，很對不起

大家。我即將出獄重新開始生活。我將在後天乘火車路過咱們的工廠，作為原來的一名員工，我懇切請求你們在我路過工廠附近的車站時，揚起一面旗子，我將見旗下車，否則我將去火車載我去的任何地方……。」那天，火車臨近車站了，他微微閉上雙目，默默為命運祈禱。當他睜開雙眼，他看到了許多面旗子，是他的那些工人同事們在舉著旗子呼喊看他的名字。他熱淚滿面，沒等車停穩就撲入接他的人群中去了。後來他成了一名最優秀的工人。

他的廠長是一位有著寬容諒解之心的人，他成功運用寬容之術使這個年輕的工人獲得了新生。

許魯齋說：「人要寬厚包容，又要分限嚴緊。分限不嚴，事情就不能立，人就會受到侮辱。魏公素來寬厚，處理事情，大義凜然，有不可侵犯的樣子，所以成為當代的名臣。現在寬厚的人能找到，威嚴的人，就少有寬容，對於事業來說，都有弊害。」

實際上，一個管理者對部屬的一言一行，都應該以寬大的態度去包容，在遇到該嚴格的時候，也要使部屬心服口服，才不愧是一位成功的管理者。

寬容是一種很強大的力量，它能使人們被你吸引，使別人愛戴你、信服你，並願意幫助你，尤其是作為管理者，如果要想取得成功，就要在任何時候都以寬容之心待人。

根據《唐史》記載：從劉武周那裡投降過來的將領大多數叛逃回去，人們開始懷疑尉遲敬德，把他逮捕，囚禁在軍中。

屈突通過殷開山對李世民說：「尉遲敬德驍勇無比，現在既然囚禁了他，必然會生怨恨，留下他恐怕有後患，不如就地把他殺了。」

李世民說：「敬德如果想叛變而逃，早就走了，為什麼還等到現在呢？」於是命令趕快釋放尉遲敬德，並把他引進自己的室內，賞賜了許多黃金，說道：「請你用大丈夫的意氣來對待事情，不要為這些小的嫌疑而介意，我永遠都不相信誣陷你的話，你應該體諒。你定要離去的話，這些金銀可以資助

你，表示我們共事一時的情誼。」

有一次，李世民僅帶 500 兵丁察看陣地，王世充帶領 1 萬多人，突然把他團團圍住。單雄信引槊直挑李世民，尉遲敬德躍馬大呼：「勿傷我主！」橫鞭直打，單雄信落馬而逃，屈突通領大兵趕到，王世充大敗，僅僅免脫死運。

李世民便對尉遲敬德說：「你怎麼相報得這樣快呢？」這是江湖上英雄惜英雄的大氣度、大手腕。既釋放他這個囚犯，再引進自己的房內，並且以金相贈，去任自由，不是唐太宗，其他人能做到嗎？

管理者在用人時，一定要注意寬嚴適度的原則去辦事：因為太寬鬆了下屬心不在焉，不當回事；太嚴屬了下屬心驚膽戰，一不小心就漏掉了一句話，但又不敢多問。因此，寬嚴適度才能顯威嚴！

總而言之，一個管理者在處理情況時，恩威並用，寬嚴得宜，才能相輔相成，收到事半功倍之效。

4. 要敢打，更要善柔

孫子曰：「贈人以言，重如珠玉；傷人以言，甚於劍戟。」無論任何團體，當員工犯下不可原諒的錯誤時，身為管理者無可避免要對其加以嚴屬的責罵打擊。而往往起不了任何作用，且極易使部屬認為上司性情暴戾、動輒發怒，進而對上司產生反感。身為管理者只有在必要時方可採取責罵打擊部屬的手段。

清初，漢族作為一個被征服的民族，政治地位非常低下，備受滿族人歧視。這種民族歧視的存在，使不少漢族官員心懷怨恨，苟且推諉，不肯盡心為朝廷效力。康熙為了安撫漢族官員，從形式上消除了明顯的歧視，一再聲稱「滿漢皆朕之臣子」，宣布「滿漢一體」劃一品級，滿漢大小官員只要職位

相同，其品級也就相同。官員的一視同仁大大減少了漢族官員的不滿。康熙還大批任用漢宮擔任封疆大吏。

康熙對他所信任的漢族大臣，往往也能推心置腹，深信不疑。康熙曾非常信任儒臣張英，幾乎到了形影不離的地步，經常在一起討論一些軍國大計以及生活瑣事，時人評論說他們「朝夕談論，無異生友」。康熙還強調「君臣一體」，時而還邀請漢族大臣到禁苑內和他一起遊玩、垂釣。受邀請的大臣自然將此視為莫大的榮幸，從而對康熙更忠心耿耿了。

但是，康熙對漢族官僚士大夫、知識分子也還有防範和高壓的一手。他經常用一些心腹之人監視地方官吏和當地人民。他們這些人不斷用密折向康熙報告各地的民情和官場情況，督撫等大員的舉動更是監視的重點。

殘酷無比的文字獄就是起始於康熙年間。明朝滅亡後，有不少的明朝遺民對清政權表示不滿，他們使用種種手腕發洩對清政權的不滿，其中發表文章是一個十分重要的方式。康熙對他們採取了極其嚴厲的鎮壓措施，從清查對清朝不滿的明朝遺民開始，在全國展開了大規模的搜捕活動。許多人因此而被株連，成百上千的人被投入監獄，甚至死去的人也未能逃脫處罰。一時間恐怖氣氛彌漫全國，人人噤若寒蟬不敢稍微流露一點對朝廷的不滿。

作為一個少數民族君主，康熙是我國歷史上一位很有作為的皇帝，他英明果斷、文武雙全。對漢族士大夫知識分子實行的是恩威並施，又拉又打，以拉為主，而又加以防範的政策。這才制止了漢族士大夫們的分裂傾向，從而鞏固了清朝的統治基礎，保證了國家的長治久安。在他的治理下，清朝迅速強盛起來，進入鼎盛的康乾盛世時期。

康熙就是靠著人才濟濟的智力優勢，也靠著他本人的韜略雄才，做起了中國歷史上最偉大的好皇帝。

值得注意的是，真正善於管理的統率者，在責罵痛斥之後，一定不忘立即補上一句柔和的話語安慰或鼓勵部屬。因為，任何人在遭受管理者的斥責

之後，必然垂頭喪氣，對自己的信心喪失殆盡，心中難免會想：我在這家公司別想再往上爬了。如此所造成的結果必然是他更加自暴自棄。此時管理者若能適時利用一兩句溫馨的話語來鼓勵他，或在事後私下對其他部屬表示：「我是看他有前途，所以才捨得罵他。」如此，當受斥責的部屬聽了這話後，必會深深體會「愛之深，責之切」的道理，更加發奮努力。

為人兼有軟硬兩手，才是處世自保並爭取主動的真理。為人、處世、做管理者均藝術也，智慧也。掌握了黑臉白臉術當能屈能伸，能柔能剛，亦寬亦嚴，亦恩亦威。因此，對待下屬既要有軟的一手，也要有硬的一手。只有恩威並用，才能真正樹立大正的官威。

5. 不厚不薄，不慍不火

管理者在與下級關係的處理上，要一視同仁，同等對待，不分彼此，不分親疏。不能因外界或個人情緒的影響，表現得時冷時熱。

長篇小說《西遊記》，描述了唐僧師徒四人從東土大唐徒步去往西天佛教聖地，歷盡千辛萬苦和多場磨難，最後終於取得真經並修成正果的場景。在唐僧的徒弟中，有一個排行第二，名叫豬八戒的人物，是觀音菩薩為唐僧選中並力舉的三個難得的人才之一。一提起豬八戒，人們的腦子裡就會出現一個好吃懶做、極度好色、善於逢迎拍馬且醜陋不堪的形象。把他說成是個不可多得的「人才」，會有不少人搖頭表示反對。但是，觀音菩薩卻選中八戒，讓他擔任保障西天取經的要員，充分說明觀音菩薩在選用人才上有獨到之處，實際上是在人才標準上有特殊的見地。後來的事實也證明豬八戒在取經過程中的危急時刻所發揮出來的關鍵作用，印證了觀音菩薩慧眼識「豬」的非凡才能。他經過勤學苦練擁有「36變」的絕技，在不利的情況下自有辦法化險為夷，關鍵時刻能衝鋒在前，對有些難度大的工作雖有想法但能夠自

主完成。尤其在「菁英們」遇到困難時能主動助其一臂之力，使其戰勝險難。在日常的事物性工作中，「豬八戒」也是不可或缺的主力。而且豬八戒會說話、善解人意、親和力強、詼諧幽默，能使路途遙遠、生活枯燥、險象環生和條件惡劣的取經生活充滿了樂趣。他嘴上好計較，但事實上心胸寬大，儘管在行動上看來好像自私小氣，總和孫悟空爭來吵去，但是在關鍵時刻，只有他才是猴子的得力幫手，而且總能夠明知危險依然迎難而上，化險為夷。

　　一個企業裡，只有擁有了各式各樣的人才，才能使各項工作得以全面運轉。既離不開運籌帷幄的決策菁英，當然更缺少不了踏實肯幹的維修技工等普通員工，這兩者是相輔相成，缺一不可的。所以，管理者對待下屬不能厚此薄彼。

　　當然，有的管理者本意並無厚此薄彼之意，但在實際工作中，難免願意接觸與自己愛好相似、脾氣相近的下級，無形中冷落了另一部分下級。

　　因此，管理者要適當調整情緒，增加與自己性格愛好不同的下級的交往，尤其對那些曾反對過自己且反對錯了的下級，更需要經常交流感情，防止造成不必要的誤會和隔閡。有的管理者對工作能力強、得心應手的下級，親密度能夠一如既往。而對工作能力較弱，或話不投機的下級，親密度不能持久甚至冷眼相看，這樣關係就會逐漸疏遠。

　　有一種傾向值得注意：有的管理者把和下級建立親密無間的感情等同於犯錯也遷就照顧。對下級的一些不合理，甚至無理要求也一味遷就，以感情代替原則，把純潔的同事之間感情庸俗化。這樣做，從長遠和實質上看是把下級引入了一個誤區。而且，用放棄原則來維持同下級的感情，雖然一時起點作用，但時間一長，「感情大廈」難免會土崩瓦解。

　　某一公司主管，對於部屬的人事考核，感到很傷腦筋，於是想到，索性給全體一樣的分數，而後向上級解釋：「不管哪一個，看起來都很不錯，所以……。」

其實，即使是同一學校的畢業生，也並不意味著會有相同的能力，因而採取這種評分的方法，多是由於主管本身缺乏判斷力的緣故。表面看起來，好像做到了平等待遇，而事實上，再也沒有比這更不平等的了。

要真正做到平等，就必須對每一位部屬的個性、能力、特點，做一區別，定出一個基準，在平等的基準上，找出個別的差異，這才叫做平等。

就男女平等的觀點來一說，也是一樣的。女性有她們特有的能力與適應性，若忽視了這些，派與男性同樣的工作，則非但不能使其能力做適當發揮，很顯然會造成她們的不利。看似平等待遇（也許這樣做會為女權至上者所歡迎），而事實卻造成不能發揮女性特有能力的狀況。

作為一個優秀的主管，在平常的行事中，應該要一碗水端平。確立平等的標準和態度，一脫離標準，就要親自反省，如此才能獲得部屬的信賴。

6. 不偏不倚，一碗水端平

人與人之間的關係，本來就是十分微妙的，尤其是在有利害衝突的同事之間，如果雙方都盛氣凌人，就很容易發生大大小小的紛爭。

作為管理者，如何調解下屬之間的糾紛，實在是個棘手的問題。問題如果處理不當，公事之爭變成私人恩怨，恐怕在日後的工作中就會形成難以解開的疙瘩。俗話說「明槍易躲，暗箭難防。」即使有人向你發一支明箭，也足以讓你頭痛不已。如果對下屬間的矛盾處理不當，極有可能使下屬對你心存怨恨，這也就等於埋下了一顆定時炸彈。

比如某個下屬一向表現平平，你對他也沒有什麼特別的印象，可就是這位下屬，某一天竟向你的頂頭上司告狀，表示對你的不滿，尤其是指責你工作分配不均。發生這種情況，很可能是由於你平時對下屬間的矛盾糾紛處置不當造成的。

作為管理者，有許多事情需要去處理，有些還是相當棘手的事情，這其中除了公事，還包括一些私事，比如下屬鬧情緒、同事間關係不和等，都需要你去調解。

在調解這些問題時一定要做到公正，不偏不倚，一碗水端平。隨著社會的進步和經濟的發展，人們對公正的要求也越來越高，享受公正的待遇成為人們追求並維護的權利。在一個公司和團隊裡同樣如此。這就要求經理人胸懷一顆公正之心，處事公正，這樣才會贏得員工的愛戴和信賴，也因而激發員工的團隊精神和工作積極性，促進企業持續向前發展。

Motorola 公司就十分明白公正對於員工的意義，他們在人事上的最大特點就是能讓他的員工放手去做，在員工中創造一種公正的競爭氛圍。公司創始人保羅‧高爾文對待員工非常嚴格，但非常公正，正是他的這種作風，塑造了後來 Motorola 在人事上和對待競爭對手時，有一個獨特公正的風格。

早在創業初期，員工們都沒有正式的職位，不過是一些愛好無線電的人聚集在一起。這時，有個叫利爾的工程師加入了 Motorola。他在大學學過無線電工程，這使得那些老員工產生了危機感，他們不時為難利爾，故意出各種難題刁難他，更過分的是，當高爾文外出辦事時，一個工頭故意找了個藉口，把利爾開除了。

高爾文回來後得知了此事，把那個工頭狠狠責罵了一頓，然後又馬上找到利爾，重新高薪聘請他。後來，利爾為公司做出了偉大的貢獻，向高爾文充分展示了自己的價值。在公司後來發展的過程中，很多員工都是一些有個性的人，當他們發生爭執時，都吵得非常厲害。但高爾文作為老闆，以他恰當的人際關係處理方法，使他們在面對各種艱難工作時，能夠團結一致，順利進行。

經理人在處理事務時，無論是獎懲，還是人事安排，都不能背離一碗水端平的準則。尤其是當自己涉入其中時，處理起來更要公正。不然，只去處

理別人，而把自己置身事外，就失去公信力和說服力了。

1946 年，日本戰敗後，松下電器公司面臨極大困境。為了度過難關，松下幸之助要求全體員工振作精神，不遲到、不請假。

然而不久，松下幸之助本人卻遲到了 10 分鐘。松下幸之助遲到是有客觀原因的。本來，他上班是由公司的汽車來接的。那天，他早早起來，趕往阪急線梅田站等車。可是左等右等，車總是不來。看看時間差不多了，他只好乘上電車；剛上電車，見汽車來了，便又從電車上下來乘汽車。如此折騰，到公司的時候一看表，遲到了 10 分鐘！原來是司機班的主管督促不力，司機又睡過了頭，接松下幸之助就晚點了 10 分鐘。

按照規定，遲到要受責罵、接受處罰的。松下幸之助認為必須嚴屬處理此事。

首先以不忠於職守的理由，給司機以減薪的處分。其直接主管、間接主管，也因為監督不力受到處分，為此共處理了 8 個人。

松下幸之助認為對此事負最後責任的，還是作為最高管理者的社長 ——他自己，於是對自己實行了最重的處罰，退還了全月的薪水。

僅僅遲到了 10 分鐘，就處理了這麼多人，連自己也不饒過，此事深刻的教育了松下電器公司的員工，在日本企業界也引起了很大震撼。

制度面前人人平等，無論是普通的員工，還是高級主管，經理人都要一視同仁，一碗水端平。

處事公正是優秀經理人必須具備的品德之一，不要被手中的權力衝昏頭腦，而去做有失公正的事情，無論對於企業，還是對於經理人自己，這都百害而無一利。

作為一個經理人，應胸懷一顆公正之心，處事公正，才會贏得員工的愛戴和信賴，也因而激發員工的團隊精神和工作積極性，促進企業持續向前發展。

處事公正是優秀經理人必須具備的品德之一。經理人在處理事務時，無論是獎懲，還是人事安排，都不能背離一碗水端平的準則。尤其是當自己涉入其中時，處理起來更要公正。不然，只去處理別人，而把自己置身事外，就失去公信力和說服力了。如果被手中的權力衝昏頭腦，而去做有失公正的事情，無論對於企業，還是對於經理人自己，都百害而無一利。

7. 請將不如激將

移花接木，聽上去有點詭辯的意味，如果為了正確的目的而加以運用，也能收到良好的效果，甚至能讓枯木逢春，有起死回生之功效。

《三國演義》第四十四回寫建安十三年秋，諸葛亮孤身至吳，貫徹「聯吳抗曹」的策略，就是靠「移花接木」之術，妙言激將，巧服周瑜的。

晚上，魯肅領著諸葛亮來見周瑜，周瑜出中門迎入，敘禮之後，分賓主坐下。魯肅先開言對周瑜說：「現在曹操率領大軍南侵。是和還是戰，我們主公決定不下，說要聽將軍您的意見，不知道將軍您是作何打算？」周瑜答道：「曹操以天子為名，其師不可拒。且其勢大，未可輕敵。戰則必敗，降則易安。我意已決，來日見主公，便當遣使納降。」不難看出，周瑜在這裡是以詐言降曹的反話，挑撥諸葛亮，欲使諸葛亮來求自己。一向憨厚的魯肅聽周瑜如是說，感到大為驚異，立即駁斥說：「君言差矣！江東基業，已歷三世，豈可一旦異於他之？伯符遺言，外事託付將軍。今正欲仗將軍保衛國家，為泰山之靠，奈何從懦夫之義耶？」詭譎的周瑜說：「江東大郡，生靈無限；若罹兵革之禍，必有歸怨於我，因此才決計請降啊。」魯肅急了，爭辯說：「不對呀，以將軍之英雄，東吳之險故，曹操是未必能夠得志的。」他們二人互相爭辯，諸葛亮聽在耳裡，早已胸有成竹，只是袖手冷笑。

看到諸葛亮不為所動，周瑜問道：「孔明先生笑什麼呢？」諸葛亮答道：

「我不笑別人，只是笑子敬不識時務。」一句話，把個老實的魯肅弄得個丈二和尚摸不著頭腦，問：「先生怎麼反而笑我不識時務呢？」諸葛亮說：「公謹主意欲降曹，甚為合理。」為什麼說合理呢？諸葛亮論證道：「曹操極善用兵，天下無人能擋。以往只有呂布、袁紹、袁術、劉表敢與他對敵。而今這些人都被曹操滅了，天下再沒有人敢與他對敵了。只有劉備不識時務，硬與曹操抗衡，而今落得孤身江夏，存亡未保。將軍決計降曹，可以保妻子，可以全富貴，至於國家命運危亡，可以歸之於天命嘛，有什麼值得顧惜呢？」在這段話裡，諸葛亮大貶周瑜，說他不敢與曹操對敵，不僅根本算不上英雄，而且是那種只知保妻子，全富貴，屈膝投降的小人。這一下，就使得周瑜難以忍受。但諸葛亮覺得還不夠，又進而進言說：「我有一計，不用牽羊擔酒、納土獻印，也不需親自渡江，只須派一個使者，用扁舟送兩個人到江上，操一得此二人，百萬之眾就會卸甲卷旗而退。」周瑜聽到這，止不住問道：「用哪兩人可退曹兵？」諸葛亮說：「我在隆中時，就聽說曹操在漳河造了一個銅雀臺，極其壯麗，廣選天下美女以充實之，曹操本是好色之徒，早就聽說江東喬公有兩個女兒，大的叫大喬，小的叫小喬，有沉魚落雁之容、閉月羞花之貌。曹操曾經發誓：「我有兩個願望，一願掃平四海，以成帝業；一願得江東二喬，置之銅雀臺，以樂晚年，雖死無憾矣！」今天曹操引百萬之眾，虎視江南，其實不過為此二女罷了。將軍何不去尋喬公，以千金買此二女，差人送與曹操，曹操得此二女，必然稱心如意，班師回朝。這是范蠡獻西施之計，為什麼不快點辦呢？」周瑜問：「你說曹操想得二喬，有什麼證據嗎？」諸葛亮說：「曹操的小兒子曹植，字子建，下筆成文。曹操曾命其作賦，也即是名作《銅雀臺賦》，賦中的意思，就是說他家合該為天子，立誓取二喬。該賦因文辭華美，我還能背誦：『立雙臺於左右兮，有玉龍與金鳳。攬二喬于東南兮，樂朝夕與之共。……願斯臺之永固兮，樂終古而未央！』」

　　一席話，說得周瑜勃然大怒，離座指北而罵道：「老賊欺我太甚！」諸葛

亮卻急忙站起來勸說道：「以前單于屢侵疆界，漢天子許以公主和親，今何惜民間二女子呢？」周瑜說：「你不知道，大喬是孫伯符將軍之婦，小喬就是我周瑜的妻子呀。」諸葛亮故意裝作惶恐之狀，說：「我實在不知道，失口亂言，死罪死罪！」周瑜說：「我與老賊誓不兩立！」諸葛亮進一步激他說：「事情須三思而行，免得後悔。」在諸葛亮的智激下，周瑜極其感奮，意志堅定起來，朗聲發誓：「我受孫伯符委託，哪有屈身降曹的道理？我早有北伐之心，雖刀斧加頭，也不會改變志向。望你助我一臂之力，共破曹賊。」至此，諸葛亮採用移花接木之術，巧藉諧音，將詩句中的「二橋」輕劃在「二喬」身上，智激周瑜，達到了聯吳抗曹的目的。

　　還是三國時期，曹操進攻樊城，劉備渡江退避，在當陽被曹軍圍攻打了敗仗。諸葛亮打算說服孫權聯合抗曹，他見孫權氣概非凡，知道他是個十分自負的人，如果直接勸告，向他討救兵孫權是不會答應的；由於雙方沒什麼交情，哀求也不會有什麼作用。於是諸葛亮打定主意，在孫權面前說曹軍總共有 150 多萬人馬，兵多將廣，勸說孫權不如趕快投降的好。孫權說：「照你的說法，劉使君怎麼不投降曹操呢？」諸葛亮答道：「我們主公是當世英雄，人人佩服，即使時運不濟，也斷不會屈服於曹操。」孫權一聽，認為諸葛亮瞧不起他，心中很生氣，決心與曹操一決雌雄。後來赤壁之戰，造成鼎足三分的局面。

　　諸葛亮勸說孫權用的是「反面激將法」。這種方法是在規勸說服時故意把任務說得十分困難（曹操兵多將廣），暗示對方不能當此重任（勸孫權趕快降曹），或者說對方沒有擔負此項工作的能力（暗示孫權不如劉備），打算另選更有能力的人去做。這樣，對方通常會激起承擔這項任務的願望，並決心做好。孫權就是在諸葛亮一席話的激勵下，下定了抗曹的決心。

　　反面激將法之所以有效，是因為它激起了人的自尊心。心理學指出，希望受到別人的尊重是人的一種普遍的心理。人如果感到自己不被尊重，自尊

心弱的人通常會消極悲觀，喪失信心；自尊心強的人往往發憤圖強，奮起抗爭，以博得人們的尊重。你認為任務艱難，他偏說困難不大；你暗示他不能幹，他說我能勝任；你說想另選能人，他卻認為你瞧不起他，而毅然自薦。這都是維護自尊心的心理動因在起作用。「反面激將法」故意正話反說，激起人的自尊需要，巧妙達到勸服目的。

運用這種方法，首先要了解勸說對象的心理特點。一般來說，自尊心比較強的人（如自負的孫權），任性、好感情用事，性格外向的人，對他們運用反面激將法一般容易奏效。對那些自尊心弱、敏感多疑、謹小慎微、性格內向的人，不宜運用此法。因為這些人往往會把反面的話視為奚落和嘲諷，從而導致情緒低落或產生反感、怨恨等消極心理。其次，運用反面激將法還要使對方感到你並不是出於一己的私利考慮，而是對他有利，或者使他能夠顯露才華，這樣才能達到預定的目的。如果當時曹操不來攻打東吳，無論諸葛亮怎樣激勵，孫權也不會做出抗擊曹軍，維護自己勢力的決定。

8. 為批評加一層「糖衣」

提起批評，也許更多人的理解是「挑刺」。實則，那只是批評很小的部分。真正高明的批評，更多的是交流、引導和印證。

如果你希望你的批評可以取得良好的效果，就要在方法上下工夫。一個人犯錯後，最難以接受的就是大家的群起攻之，這樣勢必會傷害他的自尊心。怎樣批評，實際是一種說服的技巧，是一門溝通的藝術。批評的目的意在打動對方，使得對方能認知到自己的錯誤，回到正確的軌道上，而不是貶低對方，即使你的動機是好的，是真心誠意的，也要注意方式和場合等問題。

良藥苦口利於病，但在現實生活中，扶正匡謬的批評的確不如良藥那樣

為人所樂於接受，甚至成了難以下嚥的「苦藥」。批評得好，人家接受；反之，麻煩纏身，成了「不受歡迎的人」。因此，責罵要學會變「害」為「利」，使硬接觸變成軟著陸，即在「苦藥」上抹點糖，看似失去了鋒芒，實則藥性不減。

王東進公司不到兩年就坐上了部門經理的位置，但是有個別下屬不服他，有的甚至公開和他作對，錢誠就是其中的一位。自從王東做了部門經理之後，錢誠經常遲到，一週五天，他甚至四天都遲到。按公司規定，遲到半小時就按曠工一天算，是要扣薪水的。問題是，錢誠每次遲到都在半小時之內，所以無法按公司的規定進行處罰。王東知道自己必須採取辦法制止錢誠這種行為，但又不能讓矛盾加深。

王東把錢誠叫到辦公室。「你最近總是來的比較遲，是不是有什麼困難？」「沒有啊，塞車又不是我能控制的事情，再說我並沒有違反公司的規定呀。」「我沒別的意思，你不要多心。」王東明顯感覺到了對方的敵意。「如果經理沒什麼事，我就出去做事了。」「等等，錢誠你家住在體育館附近吧。」「是啊。」錢誠疑惑的看著對方。「那正好，我家也在那個方向，以後你早上在體育館東門等我，我開車上班可以順便帶你一起來公司。」沒想到王東說的是這事，錢誠反而有些不好意思，喃喃的說：「不，不用了……你是經理，這樣做不太合適。」「沒關係，我們是同事啊，幫這個忙是應該的。」王東的話讓錢誠臉上突然覺得發燒，人家王東雖然當了經理，還能平等看待自己，而自己這種消極的行為，實在是不應該。事後，錢誠雖然還是謝絕了王東的好意，但他此後再也不遲到了。

在責罵的過程中，適時採取先表揚後批評的方式，使得對方能樹立改正錯誤的信心，樹立全新的自我形象。因為他從你那裡得到的資訊是，自己是有優點的，即使有錯誤也能很容易接受批評，並很快改正。所以批評的藝術可以被稱之為一種為人處世的基本修養。

批評和罵人不同，它們之間有著本質的區別，罵人是氣急敗壞的表現，是無賴的表現，這不需要多大水準，在大街上扯個潑婦，肯定能罵得十分出彩。只是，罵人的行為除了讓被罵者受傷，或者被路人恥笑之外，沒有多少意義。而批評不同，批評的過程是批評者站在一個公正的立場，站在一定的高度，透過事實、講道理來對人與事進行的一場論證過程，它應該有著嚴謹有力的邏輯。因此，我們是萬萬不可把罵人的行為扯進批評的範疇內。

批評別人，就要給別人服氣的理由。我們作為批評者，就首先要加強自己本身的文化修養，對批評的人和事情，要有自己獨到的眼光和見解，要公正的看待問題，而不能根據黨同伐異的態度去行事。在批評的過程中，我們要保持自己個人的意識形態，有自己的鑑別能力。然後，透過自己對問題的看法，真誠向被批評的對象提出自己的意見，並指明他應該去努力的方向。只要我們的見解是正確的，意見是真誠的，態度是誠懇，別人又怎會不接受批評呢？

批評，顧名思義，既要批也要評。批是批判，評是評價，當然也可以解釋為好評。不管怎樣，不能光批不評。

在批評的過程中，我們絕不可以只批評不表揚。因為不管是人還是事，畢竟都還是有一點優點的。但這麼說，也絕不是鼓勵大家在批評別人的時候先來一段表揚，在表揚以後再來一個但是，但是的後面加上一串的批評。這樣的批評只能讓別人覺得我們虛假。就比如我們是老師，我們要批評學生的懶惰行為，我們可以這樣來批評：你很聰明，請以後勤奮點。而不要這麼說：你很聰明，但是你很懶惰。這兩種批評方式看著沒多大區別，但前一種批評方法已經在表揚中提出了自己對學生的要求，而後一種效果和第一種相比如何，大家肯定是心中有數了的。

金無足赤，人無完人。只要是人，就可能犯錯誤。其實，任何有上進心的人都不願意犯錯，要批評一個人的錯誤時，最好讓對方感覺到自己的錯

誤。你的目的也是為了要說幫助對方，而不是為了貶低對方的品格。因此批評以適可而止、給對方留有餘地的方式為好，會讓對方感謝你的寬容。

9. 恰到好處的控權之道

權力如果用得好，用得恰到好處，會越來越大，越來越有威力。左宗棠善於謀權、控權，他從來都不把對手看作「攔路搶劫的匪徒」，而是在緊張與輕鬆之間擊敗對手。所謂控權，實際上是上司駕馭下屬的一種管理行為。

控權指的是權力的運用收放自如，無法控制的權力是最危險的，輕則使人身敗名裂，重則使國家傾危。為人上者不但要控制自己的權力，抑制權力欲的膨脹；更要制衡手下的權力。不給權則無法辦事，給權太多則尾大不掉。高明的管理者，既要有寬容的心胸，要有制衡的手段，兩者缺一不可。在兵法權謀中，人的作用非常微妙，一方面，兵法權謀非常注重「人和」，爭取人心，但是，這個爭取人心是帶有很強的目的性的，人在這個時候，更多的是充當兵法權謀背後所要達到的目的之中的一種工具。控權就意味著強勢領導。

比亞迪的王傳福同樣是掌權的高手，在電池行業，比亞迪是狼，趕走了三洋、SONY 等勢力強大的日本狼。在比亞迪，王傳福是頭狼。他有著毋庸置疑的權力，比亞迪的每一個重大決策都要他拍板，他甚至不用與其他高層商議，不在乎其他股東提出質疑，也不屑香港的基金經理們說三道四。「我的決策有 98% 以上是正確的！」王傳福認為。他說這話很自信，因為他生來就是狼王。他是電池行業的專家，他從大學、研究生到後來的事業，沒有離開過電池，他是享受國務院特殊津貼的專家，在比亞迪，幾乎沒人比他更懂電池。

正是出於技術上的自信，王傳福銳利的眼光才能一次又一次穿透煙霧，

直擊機會。1993 年，他從一份國際電池行業動態中得知日本將不再生產鎳鎘電池。他立即意識到這是電池企業的一個黃金機會，決定馬上生產鎳鎘電池。買不起千萬元的生產線，他乾脆憑藉技術，自己動手製造設備，然後把生產線分解成一個個可以人工完成的工序，這種半自動化半人工化生產線所具備的成本優勢成為他日後商戰無往不利的「尚方寶劍」。成立公司的當年，他成功賣出了 3000 萬塊鎳鎘電池。

2000 年，他不顧非議，毅然投入鉅資開始鋰電池的研發，很快擁有了核心技術，並於該年成為 Motorola 的第一個亞洲鋰電池供應商。進軍國際市場就把價格從日本人壟斷的 8 美元拉到 2 點 5 美元，兩年時間搶到全球 23%市場。鎳鎘電池全球第一，鎳氫電池第二，鋰電池第三。此後的王傳福又作了一個決策，進軍汽車業，製造電動汽車，製造世界上第一輛 F1 電動車。

像很多企業一樣，在這個他用了 7 年半時間締造的電池王國裡，他是君主。他帶領他的公司蒸蒸日上，讓他的管理層和員工過了好日子，他們對他的判斷和決策足夠信賴。王傳福認為他要對他的王國負責，就需要一段時間讓自己成為一個專家，他習慣於此。只有這樣他才有把握掌控他對技術和市場的判斷，並把製造過程中的每一個環節摸透，從而尋找出一種方法把成本壓到最低。另外一家企業的老闆對王傳福的說法不以為然：「聰明的人到處都是，不是說一件事情你做好了，另外一件你也能做好，人的精力畢竟是有限的！」但這樣的話不會進入王傳福的大腦。他只喜歡技術型的人才，他願意看到他們按照他曾經走過的路徑成長，從技術型向管理型逐漸拓寬，直至二者完美結合。這展現在公司的組織架構上，就是技術和市場管理始終由王傳福一人牢牢掌控。看來，沒有比這種集權更簡單有效的方法了。

掌權的前提是必須掌握足夠的資訊，皇帝要想有效掌握朝廷和各地的動態，就必須能獲取準確充分的資訊。古代沒有電訊和高速的交通設施，資訊的獲取和掌握必須依靠人的傳遞。因此朱元璋採取的是廣樹耳目，建立情報

網的辦法。朱元璋是個多疑的人，又是個專權的人，他要掌握權力，又對其他人不放心，所以他建立了自己的資訊管道，以便不被下屬蒙蔽。深謀遠慮才能成大功。

成功的領袖具備了與眾不同的品質，這使得他們超然脫群、光輝耀人。成功的領袖之所以偉大往往是非常注重權力的集中和領導方式的「獨裁」。一個團隊中，需要有核心人物、權威者，那個人就是最高決策人，形成一個企業唯一的權威，使得組織結構扁平化，對企業迅速決策，在貫徹、執行決策上可以保持高度一致，並且不會產生正副手的權力對抗。

當然也不是說強硬的風格就值得所有的企業家借鑑，作為一個掌權者也要學會剛柔並濟，剛固然也重要，但掌權者最難的是學會妥協與忍耐。武則天深謀有三：一是忍得住，不以小怨小恨樹強敵；二是狠得下，不因小恩小惠留禍根；三是看得遠，不因小得小失動全域。武則天權欲極強，不甘屈人之下。但在未得到最高權力時，她又要面對來自敵人、盟友甚至親人的阻撓。為了長遠的目標，她必須學會妥協、隱忍，在適當的時候再給予反擊。

10. 學會使用軟命令

在工作過程中，身為管理者，對部屬下達任務，發號施令，這是很自然的事情。可是，怎樣下達命令才會使你的計畫能得到澈底的實施呢？才能使你部下樂於積極、主動、出色、創造性的去完成工作呢？

如果你總是用命令式的口氣傳達給你的部下，你與部下的關係就完完全全進入了一種「惡性循環」。

毛病就出在你下達命令的方式上！你以為你是管理者，所以就有權在別人面前指手畫腳，發號施令；就可以對別人頤指氣使，呼來喚去；就可以靠在軟綿綿的椅子裡，指揮別人去做這個，去做那個？

沒有人會喜歡你這種命令的口氣和高高在上的架勢！

你以為自己是管理者，有權利這麼做。可是要知道，儘管你是總經理，他是小職員，可是在人格上你們是平等的。所不同的，只不過你們的分工不同，職務不同，而不是在你和他個人之間存在著什麼高低貴賤的區別。就算是「經理」比「職員」具有更多的權力或是其他什麼，那麼是由「經理」這個職務帶來的，而不是你自身與生俱來的！是你的這種趾高氣揚、自傲自大的態度激怒了別人，而不是工作本身使人不快！

所以，你想讓別人用什麼樣的態度去完成工作，就用什麼樣的口氣和方式去下達任務。多用「建議」，而不用「命令」。這樣，你不但能使對方維持自己的人格尊嚴，而且能使人積極主動、創造性的完成工作。即便是你指出了別人工作中的不足，對方也會樂於接受和改正，與你合作。

有一個祕書這樣說自己的經理：他從來不直接以命令的口氣來指揮別人。每次，他總是先將自己的想法講給對方聽，然後問道：『你覺得，這樣做合適嗎？』當他在口授一封信之後，經常說：「你認為這封信如何？」如果他覺得助手草擬的文案中需要更動時，便會用一種徵詢、商量的口氣說：「也許我們把這句話改成這樣，會比較好一點。」他總是給人自己動手的機會，他從不告訴他的助手如何做事；他讓他們自己去做，讓他們在自己的錯誤中去學習、去提高。

可以想像，在這樣的經理身邊供職，一定會讓人感到輕鬆而愉快。

這種方法，維持了部下的自尊，使他以為自己很重要，從而希望與你合作，而不是反抗你。

約翰‧居克是一家小工廠的經理，有一次，一位商人送來一張大訂單。可是，他的工廠的排程已經滿了，而訂單上要求的交貨時間太接近了。

可是這是一筆大生意，機會太難得了。

他沒有下達命令要工人們加班來趕這張訂單，他只召集了全體員工，對

他們解釋了具體的情況，並且向他們說明，假如能準時趕出這張訂單，對他們的公司會有多大的意義。

「我們有什麼辦法來完成這張訂單？」

「有沒有人有別的辦法來處理它，使我們能接這張訂單？」

「有沒有別的辦法來調整我們的工作時間和工作的分配，來幫助整個公司？」

工人們提供了許多意見，並堅持接下這張訂單。他們用一種「我們可以辦到」的態度來得到這張訂單，並且如期出貨。

不要向陸軍中士那樣下達指令，而是採用建議、詢問或指導的方式。這絕不會減輕你的指示的分量，卻能使你的命令更合雇員的心意。

當然，有時直接的指令和命令也是必要的，例如，在危難關頭，你會對小王大喊道：「快逃命！」或者，對那些只懂得和接受強迫命令的雇員，你也可以說：「小李，你的生產落後了。我希望5點之前你能完成20個合格產品。」但是，多數雇員認為自己是成年人，希望贏得尊敬。因此，一般不需要強迫命令。你可以這樣說：「小李，你比小組其他人落後了一些。今天下班前你能趕上來嗎？」如果小李是個敏感的人，只需提醒一下他就明白了，那麼你只需說一句：「我看你已經有點落後了，小李。」

記住，多數情況下，如果你請求雇員們做什麼，那麼你的雇員會更好接受。指令和命令是扼殺合作願望的言辭。因此，要記住，選擇使你的命令動聽的詞句，你的雇員們將更樂於合作，作為主管人，你將會更受歡迎。

第三章
有效激勵，讓平凡的人做不平凡的事

威廉・詹姆士說：「人性的第一原則是渴望得到讚賞。」對於管理者來說，工作中最難的，也是管理者最渴望的事情，是員工最大程度發揮自己的潛力。而人的潛力是需要激發，才能發揮出來的。

1. 用人之道重在激勵

管理的目的是「啟動」人，而非「管死」人。在區域經濟一體化和經濟全球化的今天，人力資源的開發與管理，不僅關係到一個企業的成敗，更影響到一個國家綜合國力的強弱。當前，很多國家正在探索企業治理結構的創新，明確各經濟主體的責任權利，並給予其最佳的行為激勵，這就要求企業有傳統的人事管理走向規範化的人力資源開發與管理，更新管理手段，其中「激勵管理」就是一種最為企業家青睞的方式之一。企業管理者透過激勵使屬下產生強烈的責任感和自信心，從而激發屬下的積極性、主動性和創造性。

戰國時期，魏國的國君派大臣樂羊率軍去攻打中山國。因為中山國國君的重臣樂舒恰是樂羊的兒子，所以朝廷中私論頗多，認為樂羊雖會打仗，但這次可不會全心全意為國盡忠了。樂羊在抵中山國後，決定用圍而不戰的戰術攻城，所以一連數月，不動一兵一卒。於是私論成了朝論，彈劾他的奏章像雪片似的飛到了魏文侯的手中。魏文侯不動聲色，反而派遣專使帶著禮品、酒食遠道去慰問樂羊，犒勞他指揮的軍隊。流言越益沸騰，魏文侯索性大興土木，替樂羊建了一座漂亮的別墅。終於，樂羊按計劃攻克了中山國，得勝回朝。魏文侯特意為樂羊舉行盛大的慶功酒宴，並賞給了樂羊一個密封

的錢箱。樂羊回到家後打開一看，不禁感動萬分。原來，箱子裡裝的不是魏文侯賞給他的金銀綢緞，而是滿滿一箱在他攻中山國時大臣們彈劾他的祕密奏章。樂羊這才明白，如果不是魏文侯的全力庇護，不是魏文侯對他的這種超乎尋常的信任，不要說攻打中山國的任務不能完成，就是自己的性命，恐怕也難以保住了。

做到用人以信、用人不疑並不是那麼容易的，除了能運用自己的權力為人創造發揮才幹的條件外，還要能在流言如矢的情況下，持信而不移；並且在遇到困境時，能與下屬同甘共苦，共患難；並不只是以消極的態度等待其發揮才幹、創造佳績，而是以積極的態度參與其中，增強其信心，扶助其毅力，以其事代其成，因此，這種用人以信的品德，同時也展現為寬廣的胸懷、臨難不苟的氣度、高瞻遠矚的眼光。這當然是為政者的一種素養了。士為知己者死，女為悅己者容。用人用到魏文侯那樣的水準，那是不用擔心求不到賢才的。

所以說，一旦決定某人擔任某一方面的負責人後，信任即是一種有力的激勵手腕，其作用是強大的，最能換來員工的忠誠。

那麼，作為企業管理者又該如何激勵下屬，充分激發下屬工作的積極性與創造性呢？

（1）將心比心為屬下著想。

管理者對屬下要正確對待，一就是一，二就是二。屬下有時也與管理者不統一，有時也可能不接受管理者分派的任務，也可能把任務完成得不好，這是正常現象，對管理者來說不要認為屬下是不服從管理者，不願合作，沒有用。要冷靜下來，替屬下著想，屬下也是人，也有心理情緒，當管理者的就要了解情況，和顏悅色了解清楚後再作決策。

（2）放開手腳讓部下做。

因為管理者對屬下都瞭若指掌，信任屬下，才安排某一職務，負責某項工作。既然是這樣做，就要對屬下放心，除非在有阻力或處理不了的問題上指導外，不要經常指手畫腳，在一旁碎念使屬下為難：也不要一讓屬下袖手旁觀在一旁歇涼，而自己去做屬下份內工作，這是愚蠢「好心腸」的做法。

（3）表裡如一讓屬下安心。

管理者要與屬下打成一片，與屬下交心談心有時溝通、交換意見、有話當面說，不要背後議論是非。管理者不能對屬下說怪話、壞話、或無理訓訴。工作取得成績，受管理者信任者往往被人嫉妒，散布流言蜚語，造謠惑眾，管理者更應該慎中有慎。總之，選拔上作至關重要，用人的技巧更重要。作為一名管理者，信任是你網羅人心，推進上下級關係的法寶，為關係融洽，使整個公司一片生機，你就要選出你信賴的人。

總之，企業要想充分啟發員工的工作的積極性與創造性，除採取嚴格的管理制度等硬性管理手段來規範員工的行為之外，還應採用「激勵管理」等軟性的管理措施。用人之道應重在激勵。

2. 運用好激勵才會出好效益

所謂激勵就是指激發鼓勵，就是激發人的積極性，勉勵全員向期望的方向努力。而激勵機制就是建立一套合理的有效的激勵運轉辦法，使其達到激發鼓勵的效果。

激勵與績效考核不同，績效考核是指用系統的方法、原理，評定測量員工在職務上的工作行為和工作效果，並以此作為企業人力資源管理的基本依據，切實保證員工的報酬、晉升、調動、職業技能開發、激勵、辭退等工作的科學性。可見績效考核不能是激勵機制，而只能是部分激勵的依據。

薪酬也不等同於激勵，薪酬是員工從事某個企業所需要的勞動，而得到的以貨幣形式和非貨幣形式所表現的補償，是企業支付給員工的勞動報酬。而其中只有獎金部分才能產生激勵的作用。

可見，激勵應該是一種績效考核機制、薪酬機制以外的另外一種相對獨立的管理機制。

我們在設計激勵機制時首先考慮到其獨立性，然後才集合績效考核和薪酬中的獎金部分。也就是說，績效考核、薪酬制度、激勵機制都是一套相對獨立而互相關聯的制度。只有這樣才能保證其激勵機制發揮激發鼓勵的作用，而非管理、考核的作用。

既然是獨立的機制，就是可以隨時執行的，又可以階段執行的。同時激勵有物質的激勵和非物質的激勵。我們在設計激勵機制時一定要考慮短期激勵、長期激勵、物質激勵、非物質激勵相配合，同時合理利用公司的股份持有、合理分紅等長期鼓勵計畫。並且我認為，激勵機制應該簡單化，能夠正常執行並有激發鼓勵的作用就好。激勵的形式各式各樣，下面是某一公司的激勵辦法：

（1）生日祝福：每位過生日的員工可以得到企業最高主管簽名的筆記本或者書籍和賀卡。小規模的公司可以將該月過生日的員工集中起來進行一次生日聚會，下班前 15 分鐘慶祝就好。

（2）特殊獎：生小孩或者結婚，可以獲得企業提供的高級嬰兒車／精美禮品或者現金賀禮。

（3）每月 NO.1：考評的成績公布在辦公區域的張貼欄上，并將考核成績第一的員工製作成精美標牌懸掛在張貼欄上。

（4）旅遊獎：為連續三個月考核排名前兩位的員工提供五天的旅遊獎勵，派往房地產開發成熟的區域旅遊並參觀其他的房地產。

（5）培訓獎：為連續半年考核累計排名前三位的員工提供外派參加其他

培訓機構舉辦的培訓的獎勵。

（6）創新成就獎：企業建立一套創新機制，對管理、業務等活動提出並執行良好的創新方案，透過全年創新績效效果評估排出順序，對創造績效前二名的創新提案者和執行者給予創新成就獎。

（7）傑出員工獎：依據全年的績效考核和年底的 360 度評估結果，選舉出三個傑出員工，給予傑出員工獎。

（8）奮鬥團隊獎：年底綜合評估出最有奮鬥力的部門，對全部門頒發奮鬥團隊獎。

（9）優秀組織獎：對部門負責人及管理人員進行績效考核排序，並評選出一名優秀管理人員，頒發優秀組織獎。

（10）終身成就獎：對在企業工作滿十年的員工，綜合評估合格者，頒發終身成就獎，與企業簽訂無限期聘用契約。

還有很多變相的激勵辦法，完全可以不拘一格。只要是能夠激勵員工完成自身必須完成事情的情況下參與到企業的經營管理中來。比如：

①贈送優秀員工一份全年的雜誌。

②送某購物中心的購物券。

③在公司出版物中，介紹優秀的員工。

④把他的辦公室或者辦公桌換一個更好的位置。

⑤獎勵性的別針或者胸牌。

⑥送他一瓶陳年的葡萄酒。

⑦為他和家人預定一場有名的電影等。

可以說方式方法很多，最主要的是我們的人力資源工作者需要去挖掘激勵的理由，選擇最好的時機和最好的方法。有的時候很小的一點激勵比發放很多的貨幣更管用。

比如 IBM 的「發明成就獎」；「IBM 會員資格獎」；惠普的「金香蕉獎」；

ICI 的「特殊表現獎」；戴蒙德國際工廠的「100 分俱樂部」等。

透過運用這些激勵辦法，可以提高員工之間的競爭意識。一個企業只有在競爭中才能求生存、謀發展。同時可以使員工充分發揮自身內在潛力，增加工作積極性與創造性。進而為企業創造出更好的經濟效益。

3. 團隊成員需要激勵

對於團隊管理者來說，工作中最難的，也是管理者最渴望的事情，是員工最大程度的發揮自己的潛力。而人的潛力是需要激發，才能發揮出來的。所以，團隊領導人應重視對團隊成員的激勵。

沃爾瑪公司是由山姆・沃爾頓創立的，1945 年，沃爾頓在美國小鎮維爾頓開設了第一家雜貨店。1962 年正式起用「沃爾瑪（Wall-mart）」作為企業名稱。經過 40 多年艱苦奮鬥，編織起全球最大的零售王國，2001 年、2002 年，連續名列《財富》雜誌 500 強榜首。強大的成功離不開沃爾瑪獨特的激勵機制 —— 把員工視為合夥人。山姆非常重視人的作用，他說：「高技術的設備離開了高層的管理人員，以及為了整個系統盡心竭力工作的員工是完全沒有價值的。」山姆一直致力於建立與員工的合夥關係，並使沃爾瑪 40 多萬名員工團結起來，將整體利益置於個人利益之上，共同推動沃爾瑪向前發展。山姆將「員工是合夥人」這一概念具體化的政策分為三個計畫：利潤分享計畫、雇員持股計畫和損耗獎勵計畫。1971 年，山姆開始實施第一個計畫，保證每個在沃爾瑪工作 31 年以上及每年至少工作 1000 個小時的員工都有資格分享公司利潤。員工離開公司時可以現金或股票方式取走他應得的利潤。沃爾瑪讓員工透過薪水扣除的方式，以低於市價 15% 的價格購買公司股票。損耗獎勵計畫的目的就是透過與員工共用公司因減少損耗而獲得的盈利來控制盜竊的發生。損耗是零售業的大敵，山姆對有效控制損耗的分店進行

獎勵，使得沃爾瑪的損耗率降至零售業平均水準的一半。出色的組織、激勵機制加上獨特的發展策略，使得沃爾瑪成為世界上頂級的明星企業。

美國哈佛大學心理學家的一項研究證明，員工在沒有激勵的情況下，他的個人能力只發揮了20％，而在開發和激勵以後，他的潛能會發揮到80％。這意味著只要員工受到充分的激勵，你的團隊在不增加一個人、不增加一件設備的情況下，團隊的整體績效就可以提高四倍。激勵不僅是重要的管理手段，而且是一門高深的管理藝術。管理者對下屬的激發和鼓勵，會使他們發揮更大的積極性和創造性。激勵的方法雖然各式各樣，但大體上可劃分為如下幾個類型：

(1) 形象激勵

形象激勵，主要是指管理者的個人形象對被管理者的心理和行為能夠產生明顯的激勵作用，從而推動各項工作的展開。管理者的一言一行往往會影響下屬的精神狀態。管理者形象是好是壞，下屬心中自有一座秤。如果管理者要求下屬遵守的，自己首先違法；要求下屬做到的，自己總是做不到，他的威信和影響力就會大大降低，他的話就會失去號召力，下屬將會表面上服從，而背後投以鄙夷的眼光。而管理者以身作則、公道正派、言行一致、愛職敬業、平易近人，就會得到下屬廣泛的認可和支援，就能有效督促下屬恪盡職守，完成好工作任務。因而管理者應把自己的學識水準、品德修養、工作能力、個性風格貫徹於處世與待人接物的活動之中。

(2) 情感激勵

情感，是人們情緒和感情的反映。情感激勵既不是以物質利益為誘導，也不是以精神理想為刺激，而是指管理者與被管理者之間的以感情聯繫為手段的激勵方式。管理者和被管理者的人際關係既有規章制度和社會規範的成分，更有情感成分。人的情感具有兩重性；積極的情感可以提高人的活力；

消極的情感可以削弱人的活力。一般來說，下屬工作熱情的高低，同管理者與下屬的交流多少成正比。古人云：「士為知己者死，女為悅己者容。」、「感人心者，莫過於情。」有時管理者一句親切的問候，一番安慰話語，都可成為激勵下屬行為的動力。因此，現代管理者不僅要注意以理服人，更要強調以情感人。要捨得情感投資，重視與下屬的人際溝通，把單向的工作往來變為全方位的立體式往來，在廣泛的資訊交流中樹立新的領導行為模式，如家庭、生活、娛樂、工作等等。管理者可以在這種無拘無束、下屬沒有心理壓力的交往中得到大量有價值的資訊，交流感情，從而增進了解和信任，並真誠幫助每一位下屬，使團體內部產生一種和諧與歡樂的氣氛。

（3）需要激勵

需要激勵理論認為：需要是產生行為的原動力，是個體積極性的源泉。從需要著手探求激勵是符合心理規律的有效途徑。需要層次理論將人的基本需求由低級到高級分為五個層次。即生理的需求、安全的需求、社交的需求、尊重的需求、自我實現的需求。其中生理的需求就是保障人們生存的物質享用方面的需求，只有這種最基本需求被滿足到所維持生命所必須的程度後，其餘的幾種需求才能成為新的激勵因素。安全的需求就是人身安全、勞動安全、職業安全、財產安全等等。在上述生理需求相對滿足後，安全需求就會表現出來。社交的需求是人們願意建立友誼關係，渴望得到支援和友愛，希望歸屬於某一族群，為族群和社會所接納。尊重的需求是指人都有自尊和被人尊重的需求，希望獲得聲望和權威，取得成績時，希望被人承認。自我實現的需求是人最基本需求的最高層次的需求，這種需求意味著人們希望完成與自身能力相稱的工作，使自身的潛在能力能夠發揮出來。

需要層次理論告訴我們，需要的滿足因一個人在組織中所做的工作、年齡以及員工的文化背景等因素的不同而有所差異。因此，管理者在激勵下屬

時，應針對不同的對象與其不同的需要進行激勵。只有掌握了下屬的需求才能積極創造條件去滿足下屬的需要，有目的的引導需要，才能有針對性的做好管理工作，從而達到激勵下屬積極性的目的。

（4）心智激勵

過去有人片面的認為，激勵就是激起下屬的積極性，讓下屬想做，願意做、有熱情，心情舒暢，這實際上只說對了一半。激勵下屬想做、願意做是對心的激勵；更重要的是要讓下屬能做、會做、創造性的做，這才是對下屬心智的激勵。激勵「心」是前提，激勵「智」才是目的。激勵從心開始，可以達到對智的激勵。哈佛大學威廉 · 詹姆士透過對員工激勵的研究發現，採取激勵措施，能夠有效激發員工的工作能力。他的研究顯示，在沒有激勵措施下，下屬一般僅能發揮工作能力的 20％至 30％，而當他受到激勵後，其工作能力可以提升到 80％至 90％，所發揮的作用相當於激勵前的 3 倍到 4 倍。日本豐田公司採取激勵措施鼓勵員工提建議，結果僅 1983 年一年，員工提了 165 萬條建議，平均每人 31 條，它為公司帶來 900 億日元利潤，相當於當年總利潤的 18％。下屬的潛能不被激勵，藏著就是無能。而下屬的潛能對管理者來說是沒有用的，管理者需要的是下屬的效能，而不需要下屬的潛能，因此管理者應將下屬的潛能進行激發使之變成效能。這種對心的激勵可以帶來智力、智慧和創造力的開發，激勵心與激勵智要結合起來。

（5）信心激勵

很多時候下屬可能對自己缺乏信心，不能清楚認識自己和評價自己，尤其是對自己的能力，往往不清楚自己的優勢和劣勢以及實現目標的可能性有多大。因此，下屬需要外界尤其是自己信賴的、尊重的、敬佩的人的鼓勵，而來自上級的鼓勵則更加可貴，它意味著上級會為自己提供成功的機會和必要的幫助，這無疑會激發下屬的需要和激勵下屬努力進取。因此管理者應努

力幫助下屬樹立「人人都能成才」信心，讓下屬看到希望，揚起理想的風帆。下屬有了信念、動力和良好的心態，就能激發出創造力。正像一句廣告詞說的那樣：「只要有熱情，一切就有可能。」

(6) 賞識激勵

賞識是比表揚、讚美更進一步的精神鼓勵，是任何物質獎勵都無法可比的。賞識激勵是激勵的最高層次，是管理者激勵優勢的集中展現。社會心理學原理表明，社會的族群成員都有一種歸屬心理，希望能得到管理者的承認和賞識，成為族群中不可缺少的一員。賞識激勵都能滿足這種精神需要。

威廉・詹姆士說：「人性的第一原則是渴望，當下屬有進步時，他最需要得到的是認可；當下屬獲得成功時，他最需要給予的是讚賞。」管理者應做到會賞識激勵下屬。當的話，可能會讓下屬銘記一生，影響終生。對那些有才幹、有抱負的下屬來說，給予物質獎勵，還不如給他一個發揮其才能的機會，使其有所作為。因此，管理者要知人善任，對有才幹的下屬，應為其實現自我價值創造可能好的條件。對下屬的智力貢獻，如提建議、批評等，也要及時給予肯定的評價。管理者的肯定性評價也是一種賞識，同樣滿足下屬精神需求，強化其團隊意識。

4. 讚美可以收到神氣的激勵效果

我們每個人都渴望別人的讚美和誇獎。林肯曾經說過：「每個人都希望得到讚美。」著名的美國心理學家威廉・詹姆斯發現：「人類本性中最深刻的渴求就是讚美。」這是人類與生俱來的本能欲望。所以，能否獲得稱讚，以及獲得稱讚的程度，變成了衡量一個人社會價值的尺規。每個人都希望在稱讚中實現自己的價值。

對某個人在團體中的優良成績，千萬別忘了利用機會予以肯定。一方

面，當某個人做某件事做得很好時，應該得到讚許。另一方面，讚許是對其行為的進一步肯定，可以激勵他朝著正確的方向繼續努力。

姜先生大學畢業後被一家中日合資企業聘為銷售員。工作的前兩年，他的銷售業績確實不敢恭維。但是，隨著對業務的逐漸熟練，又跟那些零售客戶熟悉了，他的銷售額就開始逐漸上升。到第三年年底，他根據與同事們的接觸，估計自己當屬全公司銷售的冠軍。不過，公司的政策是不公布每個人的銷售額，也不鼓勵相互比較，所以姜先生還不能被肯定。

去年，姜先生做得特別出色，到9月底就完成了全年的銷售額，但是經理對此卻沒有任何反應。儘管工作上非常順利，但是姜先生總是覺得自己的心情不舒暢。最令他煩惱的是，公司從來不告訴大家誰做得好、做得壞，也從來沒有人注意銷售員的銷售額。他聽說本市另外兩家中美合資的化妝品製造企業都在進行銷售競賽和獎勵活動。那些公司的內部還有通訊之類的小報，對銷售員的業績做出評價，讓人人都知道每個銷售員的銷售情況，並且要表揚每季和每年的最佳銷售員。想到自己所在公司的做法，姜先生就十分惱火。

不久，姜先生主動找到日方的經理，談了他的想法。不料，日本上司說這是既定政策，而且也正是本公司的文化特色，從而拒絕了他的建議。

幾天後，令公司管理者吃驚的是，姜先生辭職而去，聽說是被公司的競爭對手挖走了。而姜先生辭職的理由也很簡單：自己的貢獻沒有被給予充分的重視，沒有得到相應的回報。

正是由於缺乏有效、正規的考核，這家公司無法對姜先生做出肯定與讚美，並且給予相應的獎勵，才使公司失去了一名優秀的員工。

可見，讚美下屬作為一種激勵方式，也不是隨意說幾句恭維話就可以奏效的。事實上，讚揚下屬也有一些技巧和注意點。

（1）讚揚要及時

下屬某項工作做得好，管理者應及時誇獎，如果拖延數週，時過境遷，遲到的表揚已失去了原有的味道，再也不會令人興奮與激動，誇獎就失去了意義。

（2）讚揚的態度要真誠

讚美下屬必須真誠。每個人都珍視真心誠意，它是人際溝通中最重要的尺度。英國專門研究社會關係的卡斯利博士曾說過：「大多數人選擇朋友都是以對方是否出於真誠而決定的。」如果你在與下屬交往時不是真心誠意，那麼要與他建立良好的人際關係是不可能的。所以在讚美下屬時，你必須確認你讚美的人的確有此優點，並且要有充分的理由去讚美他。避免空洞、刻板的公式化的誇獎，或不帶任何感情的機械性話語，這樣會令人有言不由衷之感。

（3）讚揚的內容要具體

讚揚要依據具體的事實評價，除了用廣泛的用語如：「你很棒！」、「你表現得很好！」、「你不錯！」最好要加上具體事實的評價。例如：「你的調查報告中關於技術服務人員提升服務品質的建議，是一個能針對目前問題解決的好方法，謝謝你提出對公司這麼有用的辦法。」、「你處理這次客戶投訴的態度非常好，自始至終婉轉、誠懇，並針對問題解決，你的做法正是我們期望員工能做的標準典範。」表揚他人最好是就事論事，哪件事做得好，什麼地方值得讚揚，說得具體，見微知著，才能使受誇獎者高興，便於引起感情的共鳴。

（4）注意讚揚的場合

在眾人面前讚美下屬，對被讚美的下屬而言，當然受到的鼓勵是最大的，這是一個讚美下屬的好方式，但是你採用這種方式時要特別的慎重，因

為被讚美的表現若不是能得到大家客觀的認同，其他下屬難免會有不滿的情緒。因此，公開讚美最好是能被大家認同及公正評價的事項。

(5) 讚人不要又獎又罰

作為管理者，一般的誇獎似乎很像工作總結，先表揚，然後是但是、當然一類的轉折詞。這樣的辯證不全面，很可能使原有的誇獎失去了作用。應當將表揚、責罵分開，不要混為一談，事後尋找合適的機會再責罵可能效果最佳。

(6) 適當運用間接讚美的技巧

所謂間接讚美就是藉第三者的話來讚美對方，這樣比直接讚美對方的效果較好。比如你見到你下屬的業務員，對他說：「前兩天我和王總經理談起你，他很欣賞你接待客戶的方法，你對客戶的熱心與仔細值得大家學習。好好努力，別辜負他對你的期望。」無論事實是否真的如此，反正你的業務員是不會去調查是否屬實的，但他對你的感激肯定會超乎你的想像。

間接讚美的另一種方式就是在當事人不在場的時候讚美，這種方式有時比當面讚美所起的作用更大。一般來說，背後的讚美都能傳達到本人，這除了能產生讚美的激勵作用外，更能讓被讚美者感到你對他的讚美是誠摯的，因而更能加強讚美的效果。所以，作為一名管理者，你不要吝惜對下屬的讚美，尤其是在面對你的主管或者他的同事時，恰如其分誇獎你的下屬，他一旦間接知道了你的讚美，就會對你心存感激，在感情上也會與你更進一步，你們的溝通也就會更加卓有成效。

稱讚可以替平凡的生活帶來溫暖和歡樂，可以為人們的心田帶來雨露甘霖，為人帶來鼓舞，賦予人們一種積極向上的力量。

讚美下屬是一種不需要任何投入的激勵方式。團隊管理者千萬不要吝嗇自己的語言，真誠讚美每個人，這是促使人們正常交往和更加努力工作的最

好方法。

5. 情感激勵，效益的源泉

　　情感，是人們情緒和感情的反映。情感激勵既不是以物質利益為誘導，也不是以精神理想為刺激，而是指管理者與被管理者之間的以感情聯繫為手段的激勵方式。管理者和被管理者的人際關係既有規章制度和社會規範的成分，更有情感成分。人的情感具有兩重性；積極的情感可以提高人的活力；消極的情感可以削弱人的活力。一般來說，下屬工作熱情的高低，同管理者與下屬的交流多少成正比。

　　歷數三國人物，劉備大概是多情善哭的第一人了。他不僅在百姓面前哭得出來，更多的是在自己的文臣武將面前掉淚。他與趙雲初次見面分手時，便「執手垂淚，不忍相離。」相愛之情，何其真摯？為請諸葛亮出山，他竟哭得「淚沾袍袖，衣襟盡濕。」敬慕之心，何其誠懇？徐庶要走，他送了又送，哭了又哭，令人讀之心酸。關羽被害，他竟「一日哭絕三五次，三日水漿不進，只是痛哭」以致「淚濕衣襟，斑斑成血」。今人實難想像，劉備何以如此能哭？這真要感謝羅貫中那支浪漫之筆了。正是這支出神入化之筆，塑造了劉備這個與曹操同有大志，但手段針鋒相對的典型形象。劉備自己表白：「曹以急，吾以寬；操以暴，吾以仁；操以譎，吾以忠：每與曹相反，事乃可成。」為了樹立自己這個感人的形象，劉備是絲毫不吝惜自己的眼淚的。用現在的話說，這就是一種感情投資。諸葛亮在隆中決策中提出：「北讓曹操占天時，南讓孫權占地利，將軍可占人和。」劉備正是憑著「感情投資」等手段，贏得了「人和」這個策略優勢，靠「人和」這個策略優勢。與曹操、孫權爭分天下

　　古人云：「士為知己者死，女為悅己者容。」、「感人心者，莫過於情。」

有時管理者一句親切的問候、一番安慰話語，都可成為激勵下屬行為的動力。因此，現代管理者不僅要注意以理服人，更要強調以情感人。感情因素對人的工作積極性影響之深遠。它之所以具有如此能量，正是由於它擊中了人們普遍存在著「吃軟不吃硬」的心理特點。我們的管理者也應當靈活運用，透過感情的力量去鼓舞、激勵員工。

1920 年代末，由於全世界經濟不景氣，曾經暢銷一時的松下國際牌自行車燈，銷售量也開始走下坡路。此時操縱公司命脈的松下幸之助，卻因為患了肺結核就醫療養，當他在病榻上聽到公司的主管們決定將兩百名員工裁減一半時，他強烈表示反對，並促請總監事傳達他的意見：「我們的產品銷售不佳，所以不能繼續提高產量，因此希望員工們只工作半天，但薪水仍按一天計算。同時，希望員工們利用下午空閒的時間出去推銷產品，哪怕只賣出一兩盞也好。今後無論遇到何種情況，公司都不會裁員，這是松下電器公司對員工們的保證。」受到裁員壓力困擾的員工們聽及此，都感到十分欣慰。如此，松下幸之助憑著堅強的意志和敏銳的決斷力，用真摯的情感來打動部屬，挽救了松下電器。從這一天起，眾多的員工們遵照他的命令列事，到翌年二月，原本堆積如山的車燈便銷售一空，甚且還需加班生產才能滿足客戶的需求。至此，松下電器終於突破逆境，走出陰霾。

透過加強與員工的感情溝通，讓員工了解你對他們的關懷，並透過一些具體事例表現出來，可以讓員工體會到管理者的關心、企業的溫暖，從而激發出主人翁責任感和愛廠如家的精神。有一句俗話：「受人滴水之恩，當以湧泉相報」。對於絕大多數人來說，投桃報李是人之常情，而管理者對下級、大眾的感情投入，他們的回報就更強烈、更深沉、更長久。這種靠感情維繫起來的關係與其他以物質刺激為手段所達到的效果不同，它往往能夠成為一種深入人心的力量，更具凝聚力和穩定性，能夠在更大程度上承受住壓力與考驗。

　　用情感來激勵員工，不只可以調節員工的認知方向，調整員工的行為，而且當人們的情感有了更多一致時，即人們有了共同的心理體驗和表達方式時，團體凝聚力、向心力即成為不可抗拒的精神力量，維護團體的責任感，甚至是使命感也就成了每個員工的自覺立場。

　　自古以來，那些戰功顯赫的將軍們，無不是愛兵如子的人。現代的企業管理者若想創出輝煌業績，贏得員工的擁護，就要真心關愛員工，幫助員工。如果你能在嚴肅中充滿對員工的愛，真心替員工著想，那麼他們也自然會替你著想，維護你、擁戴你的。

6. 競爭同樣是激勵

　　人的情緒往往都有高潮和低潮的時候，這也同樣會反映在工作上。當一個人情緒好的時候，他人的過錯都比較容易包容，從而減少了相互間衝突的機率，而情緒差的時候則剛好相反。管理者不可能隨時去照顧每一名員工的情緒，要想從根本上解決問題，只有製造一個競爭對手給員工，引起他們的關心，從而引導他們的情緒。

　　每個人都有自尊心和自信心，潛在的心理都希望「站在比別人更有優勢的地位上」，或「自己被當成重要的人物」。從心理學角度講，這種潛在心理就是自我超越的欲望。有了這種欲望之後，人類才會努力成長。也就是說，這種欲望是構成人類幹勁的基本因素。

　　有一家鑄造廠，該廠的老闆經營了好幾個工廠，但其中有一個工廠的效益並不是太好，從業人員也沒有太大的幹勁，不是缺席，就是遲到早退，交貨總是延誤，員工間也經常鬧矛盾。該廠的產品品質低劣，消費者抱怨不迭。雖然這個老闆已經指責過該廠管理人員，也用過很多辦法激發該廠的從業人員的士氣，但始終都沒有產生什麼效果。

有一天，這個老闆發現，他交代現場管理員辦的事，一直沒有解決，於是他就親自出馬了。這個工廠實行的是晝夜兩班輪流制，他在下夜班的時候，攔住了一個工廠的從業人員，並問道：「你們的鑄造流程一天可以做幾次？」作業員答道：「六次！」老闆聽完後什麼也沒說，只在地板上用粉筆寫了一個「六」。緊接著，早班的工作人員進入工廠上班，他們在工廠門口看到了用粉筆寫在地上的「六」字，隨後他們竟然改變了「六」的標準，做七次鑄造流程，並在地板上重新寫了一個「七」字；到了晚上，夜班的作業人員為了刷新紀錄，做了十次鑄造流程，而且在地面上寫了一個「十」字。過了一個月，這個工廠變成了這個老闆所經營的幾個工廠之中成績最好的一個了。

這個老闆僅僅用了一支粉筆，就重整廠工廠的士氣。而員工們為何突然產生了士氣呢？這是因為有了競爭對手。作業員做事一向都是拖拖拉拉、無精打采，可是在有了競爭對手之後，便激發了他們的士氣。

這種自我超越的競爭欲望，在有特定的競爭對象時，其意識會特別的鮮明。比如一個學生，在他想得第一名的時候，他就會產生打垮競爭對手的意識，所以他才會更加的努力用功。

只要能夠正確利用這種心理，並設定一個競爭對象，讓對方知道這個競爭對象的存在，就一定能成功激發一個人的幹勁。

競爭的形式各式各樣，例如，進行各種競賽，如銷售競賽、服務競賽、技術競賽等；公開招投標；進行各種職位競選；用幾組人員研究相同的課題，看誰的解決方式最好等等。還有一些「隱形」的競爭，如定期公布員工工作成績，定期評選先進分子等。你可以根據本企業的具體情況，不斷推出新的競爭方法。

無論採取什麼形式，要想把競爭機制真正在組織中建立起來，都必須先解決下面三個問題，也就是建立競爭機制的三個關鍵點：

(1) 誘發員工的「逞能」欲望

員工總是具有一定能力的，其中有些人願意並且希望能夠一試身手，展現自己的才能；而有的員工則由於種種原因，表現出一種「懷才不露」的狀態。這就提出了一個問題給管理者：如何誘發員工的「逞能」欲望？為此，通常的做法有兩種：

一種是物質誘導的方法，即按照物質利益的原則，透過獎勵、提高待遇等，促使員工努力工作、積極進取。

另一種是精神誘導的方法，這其中也分為兩種情況：其一是事後鼓勵，比如在員工完成了一項任務後給予其表彰或表揚；其二是事前激勵，即在員工完成某項工作之前就給予其恰當的刺激或鼓勵，使其對該項工作的完成產生強烈的欲望。這樣一來，其求勝心理必然會被成功的意識所支配，從而能夠樂於接受任務並竭盡全力完成。尤其是對於那些好勝心或者進取心比較強的員工來說，事前激勵要比事後鼓勵更有效果。

事前激勵一般有兩種做法，一種是正面激勵，一種是反面激勵。前者是指從正面進行說服或勉勵，向其明確事後的獎勵政策；後者就是通常所說的「激將法」。由於這種做法對人的尊嚴和榮譽感有著強烈的刺激，所以在一般情況下都能成功。

(2) 強化員工的榮辱意識

榮辱意識是使員工勇於競爭的基礎條件之一。但是每個人的榮辱意識各不相同。有的人榮辱感非常強烈，而有的人榮辱意識則比較弱，甚至還有的人幾乎不知榮辱。因此，管理者在啟動競爭機制時，必須強化員工的榮辱意識。

強化榮辱意識，首先要激發員工的自尊心。自尊心是人的重要精神支柱，是進取的重要動力，並且與人的榮辱意識有著密切聯繫。自尊心的喪失

容易使人變得妄自菲薄、情緒低落，甚至內心鬱鬱不滿，從而影響員工的勞動積極性。然而事實上，並不是每個人具有強烈的自尊心。根據相關的分析，員工自尊心的表現程度大致分為三種類型，即自大型、自勉型和自卑型。對於第一種人來說，他們的榮辱感極強，甚至表現為受榮而不能受辱，並且他們的榮辱感往往帶有強烈的嫉妒色彩。這就要求管理者對他們加以正確引導，以防止極端情況的發生。對於第二種人來說，其榮辱意識也比較強，只需要你稍有引導就可以了。而對於第三種，管理者必須透過教育、啟發等各種辦法來激發其自尊心，尤其是要引導其認識自身的能力和價值。

強化榮辱意識還必須明確榮辱的標準。究竟何為「榮」，何為「辱」，員工應當有一個明確的認知。在現實中，榮辱的區分確實存在問題。比如說，有的人把弄虛作假當成一種能力，而有的人則對此嗤之以鼻；有的人把求實看作是無能的表現，而有的人則認為這是忠誠的反映。所以，管理者應當讓員工有正確的榮辱界線，這樣才能保證競爭機制的良性發展。

此外，強化榮辱意識還必須使其在工作過程中具體表現出來。應當讓員工們看到：進者榮，退者辱；先者榮，後者辱；正者榮，邪者辱。這樣，員工們的榮辱意識必然得到增強，其進取之心也必然得到提高。

(3) 給予員工充分的競爭機會

在員工中引入競爭機制的目的是為了激勵員工，做到人盡其才，發展團隊的事業。為此，管理者必須為員工提供各種競爭的條件，尤其是要給予每個人以充分的競爭機會。這些機會主要包括人盡其用的機會、將功補過的機會、培訓的機會以及獲得提拔的機會等。在給予這些機會時，管理者必須注意以下三個原則：

第一，機會均等原則。這就是說，不僅在競爭面前人人平等，而且在提供競爭的條件上也應當人人平等。這些條件通常是指物質條件、選擇的

權利等。

第二，因事設人原則。在一個團隊裡，由於受到事業發展的約束，因此競爭的機會只能根據事業發展的需要而定。管理者雖然應當為員工取得進步鋪平道路，但是這種進步的方向是確定的，即團隊事業的發展和成功。

第三，連續原則。這是指機會的給予不能是什麼「定量供應」，也不能是什麼「平等供應」和「按期供應」，而是在工作過程中不斷給員工，使其在努力完成了一個目標之後接著就有新的目標。換言之，就是讓員工在任何時候都能獲得透過競爭以實現進步的機會和條件。

有競爭才有壓力，有壓力才會有動力，有動力才會有活力。企業引進競爭機制，培養員工的競爭意識，能有效激勵員工追求上進，激發他們的學習動力，轉移他們的興奮點，從而減少矛盾而公司上下也將生機勃勃。這是管理者做好管理工作的藝術，也是企業取得成功的關鍵。

7. 功名能夠帶來激勵

周瑜曾對對蔣幹說了一段表明自己心跡的話。他說：「大丈夫處世，遇知己之主，外托君臣之義，內結骨肉之思，言必行，計必從，禍福共之。假使蘇秦、張儀、陸賈、酈生複出，口似懸河，舌如利刃，安能動我心哉！」在這裡，一個志得意滿的周瑜活靈活現站在我們面前。

是的，《三國演義》中的周郎，雖然對外遇到個高出自己的諸葛亮，在爭奪荊州中處處受挫，最後飲恨而亡，但在東吳集團內部卻是春風得意，深得倚重。孫策得到周瑜時高興的說：「吾得公瑾，大事諧矣！」臨死又留下遺言給孫權：「外事不決，可問周瑜。」更有一層是周瑜和孫策還有連襟之親。周瑜年紀輕輕，就成為大都督，總領江東水陸軍馬。無怪乎，周瑜對孫吳政權感激涕零，竭忠盡力。他向孫策表示「某願效犬馬之力，共圖大事。」向孫

權表示：「願以肝腦塗地，報知己之恩。」向吳國太表示：「敢不效犬馬之力，繼之以死！」赤壁之戰前夕向孫權請戰：「臣為將軍決一血戰，萬死不辭。」劉備攻下漢中之後，手下眾將都要推他稱帝，無奈劉備故作推辭。這時諸葛亮勸進說：「方今天下分崩，英雄並起，各霸一方，四海才德之士，捨生忘死而事其上者，皆欲攀龍附鳳，建立功名也。今主公避嫌守義，恐失眾人之望。」眾將也齊聲說道：「主公若只推卻，眾心解矣。」張飛更是急得大叫起來。

　　真是一語破的，古人可謂坦誠！於是劉備答應先進漢中王，對文臣武將「各擬功勳定爵」，眾人皆大歡喜，繼續思恩效命。曹丕稱帝後，諸葛亮又一次請劉備即皇帝位，劉備還是「堅執不從」。諸葛亮尖銳指出：「文武官僚，咸欲奉大王為帝，滅魏興劉，共圖功名；不想大王堅執不肯，眾官皆有怨心，不久必盡散矣。若文武皆散，吳魏來攻，兩川難保。」劉備畢竟沒有迂腐，到底接受了諸葛亮的建議當了皇帝，對「大小官僚，一一升賞。」於是「兩川軍民，無不欣躍。」在這裡，諸葛亮正是透過不斷滿足「功名欲」，增強劉備集團的凝聚力和吸引力。

　　正如他高臥隆中時常吟的：「鳳翱翔於千仞兮，非梧不棲；士伏處於一方兮，非主不依。」如果劉備一直是個「織席小兒」，哪能有那麼多豪傑投靠於他？如果劉備一直當他的新野縣令，許多人也早就喪失希望，離他而去。可見，「功名」對於一個人才來說，是重要的精神追求，滿足人才的正當「功名欲」，是激勵人才奮發努力的重要手段。劉備為請諸葛亮出山，說道：「大丈夫抱經世奇才，豈可空老于林泉之下？」徐庶臨去曹營，鼓勵劉備手下諸人：「願諸公善事使君，以圖名垂竹帛，功標青史。」當黃蓋請闞澤代他向曹營獻詐降書時，闞澤欣然應允，慷慨表示：「大丈夫處世，不能立功建業，不幾與草木同腐乎？公既捐軀報主，澤又何惜微生！」都雄辯的證明，「功名」對於人才來說，是個重要的激勵手段。

　　這種賞識、讚揚、賜予稱號等，都是對一個人功勞、成就的肯定和認同，可以使一個人繼續保持已有的積極行為。和賞識、稱讚相輔相成的激勵手段是運用「羞辱」激勵部下。人都有自尊心，自尊心的損傷是一種恥辱，而「知恥近乎勇」，可以激勵人們奮進。諸葛亮最善於抓住部將的性格特徵，運用「羞辱」這種激勵手段。

　　馬超攻打葭萌關，張飛大叫出戰，而諸葛亮卻「佯作不聞」，對劉備說：「今馬超侵犯關隘，無人可敵；除非往荊州取關雲長來，方可與敵。」張飛哪能受得了這等小看！著急說道：「何故小覷吾！吾曾獨拒曹操百萬之兵，豈愁馬超一匹夫乎？」諸葛亮進一步火上加油：「翼德拒水斷橋，此因曹操不知虛實耳；若知虛實，將軍豈得無事？今馬超之勇，天下皆知，渭橋大戰，殺得曹操割須棄袍，幾乎喪命，非等閒之比。雲長且未必可勝。」急得張飛說：「我只今便去；如勝不得馬超，甘當軍令！」在這裡，張飛越急，諸葛亮越緩；張飛越自恃武勇，諸葛亮越表示他不堪此任。就這樣，他把張飛的求戰心情激到最高，把張飛的奮鬥勇氣充分激勵起來，強烈的榮譽感和英雄主義精神，驅使著張飛去捨命拚殺。這才引來葭萌關前張飛和馬超那場無日無夜的惡戰。老將黃忠最怕別人嫌他老而無用。當初入西川攻打雒城時，只因魏延說他「年紀高大，如何去得」。

　　他便怒氣沖沖，要取刀和魏延比武。諸葛亮深知黃忠這一性格特點，因此奪取漢中時，連續兩次以此激他，激發了黃忠的大智大勇，使這位年近七十的老將，在奪取漢中時立下了赫赫戰功。當然，諸葛亮並不僅僅把「寶」押在激起的士氣上，他告訴劉備：「此老將不著言語激他，雖去不能成功。他今既去，須人馬前去接應。」

　　可見，諸葛亮一方面要激起部將殺敵的勇氣，另一方面還要穩紮穩打，保證萬無一失。

8. 高薪酬贏取高效益

團隊運行當中，誘導和刺激員工使其產生工作積極性有很多種方式，其中最直接也是最基本的要素是利用薪酬進行激勵。

在員工的心目中，薪酬不僅僅是一定數目的鈔票，它還代表了身分、地位、個人能力的高低和成就的大小。合理而有效的薪酬制度不但能有效激發員工的積極性與主動性，促進員工努力實現組織的目標，提高組織的效益，而且能在競爭日益激烈的人才市場上吸引和保留住一支素養良好的員工團隊。相反，不合理的薪酬制度則是一種負激勵因素，它會引發各式各樣的組織矛盾，降低員工的積極性。因此，管理者必須對薪酬問題予以格外重視。

印度西姆拉山城的奧比洛，青年時期在一家旅館打工。後來他的老闆收購了一家名叫卡爾頓的中型購物中心，但因經營不善，無力再經營下去，只好將其賣出。這時，奧比洛以百倍的信心、周密的計畫說服了家人，說服了親朋好友，終於湊錢買下了這家購物中心，這是奧比洛平生第一次登上了經理的寶座，並由此開始了他的事業。

但此時這家中型購物中心的狀況很不景氣，出了道極大的難題給奧比洛。奧比洛抱著「從清水的舞臺上跳下去」的決心，決定擴大購物中心的營業規模。他多方借貸，籌集了足夠的資金把購物中心由 120 坪的面積擴大到了 900 坪。這時，他又遇到了缺乏優秀的管理人才的問題。於是，他又花了半年的時間，把另外一家大購物中心的部門經理挖了過來，並破格任命他為購物中心的業務經理，此人還從原來的購物中心帶來了 10 個人。對這些人，奧比洛不僅都委以重任，而且都支付他們高於原購物中心的薪水，使這個購物中心的薪水提到了大購物中心的薪水水準。這一系列決定的做出，對於正缺乏資金的奧比洛來說無疑是雪上加霜，這甚至使他常常夜不能眠。但是，後來的事實證明，奧比洛的決定是對的，在經過了一年多的發展之後，購物

中心開始大幅度獲利，很快便收回了全部的投資。

員工工作的直接動因是想獲得薪水收入，以維持其生活保障和提高生活品質。

幾年前，迪娜創立了友誼卡片公司，她打算利用自己的商品設計專長來製造和銷售賀卡。當然，她還希望開創更加美好的未來。時至今日，迪娜的公司只有 12 名員工，但年利潤已超過了 10 萬美元。

迪娜決定讓她的員工分享公司的成功。她宣布在即將到來的 6、7、8 三個月友誼卡片公司，在星期五也成為休息日。這樣，所有員工將有三天的週末時間，但他們仍得到與五天工作制一樣的薪水。

令迪娜沒有想到的是，在實施三天週末制一個月後，一位迪娜最信賴的員工向她坦白，他寧願得到加薪而不是額外的休息時間，而且，他還說其他員工也有同樣的想法。

對於一個企業的創業初期，「先增加利潤還是先增加薪水」就像是「先有蛋還是先有雞」一樣難辦。但對於想成就事業的現代管理者而言，這個答案是肯定的：一定要「先提高薪水」。雖然做出這種決定後，公司暫時是很困難的，但是只要勇於克服，道路就將最終變得通暢。

提高了薪水以後，就會使管理者抱著背水一戰的決心，不達目的絕不甘休，而獲得高薪水的下屬也會因為福利的改善而更加努力工作。要把企業每一個員工個人的切身利益與企業的發展和效益緊密掛鉤，包括企業的管理者也要一視同仁，萬萬不能「窮廟富方丈」，更不能「眾僧皆貧方丈富」。要記住，錢不是萬能的，但沒有錢是萬萬不能的。把錢作為唯一的激勵手段是不明智的，但否認金錢的作用肯定是愚蠢的。

錢是工作動機的重要誘因。作為交換的仲介，它是員工購買生活必需品的手段。金錢還有計分卡的作用，透過它，員工可以評估組織對自己服務價值的看法，還可以把自己的價值與別人進行比較。

由此可見，金錢在所有因素當中所占的權重最高。團隊管理者要想留住員工，一定盡量設計具有競爭力的薪酬制度。沒有競爭力的薪酬制度很容易受到員工的「注意」，並可能導致員工流失。

　　然而，較高薪水水準並不必然產生員工的高忠誠度或低員工流失率。一旦平均薪酬水準得以滿足，其他因素就會突顯出來。在這種情況下，管理者應該考慮以其他形式來滿足員工的需要。

9. 危機也可以用來激勵

　　倘若團隊成員沒有危機意識，安於現狀，那這樣的團隊自然是不會進步的，正印證了那句老話「不進則退」。有的團隊，它們的成員是非常優秀的，可是由於安於現狀，或者是因為機構的體制，使得他們不大樂意努力工作。所以，一個英明的管理者就應該懂得適時製造危機來激勵全體員工的而工作積極性與創造性。

　　本田公司在一個時期曾陷入發展困境，公司的總裁本田宗一郎認為，如果將一個公司的員工進行分類，大致可以分為三種：不可缺少的幹才；以公司為家的勤勞人才；終日東遊西蕩、拖企業後腿的蠢才。顯然本田公司最缺乏前兩種人才。

　　但本田也知道，若將終日東遊西蕩的人員完全淘汰，一方面會受到工會方面的壓力；另一方面，企業也將蒙受損失。

　　這些人其實也能完成工作，只是與公司的要求與發展相距遠一些，如果全部淘汰，顯然是行不通的。經過再三的考慮，本田找來了自己的得力助手、副總裁宮澤，並談了自己的想法，請宮澤出主意。宮澤告訴他，企業的活力根本上取決於企業全體員工的進取心和敬業精神，取決於全體員工的活力，特別是企業各級管理人員的活力。公司必須想辦法使各級管理人員充滿

活力，即讓他們有敬業精神和進取心。本田詢問有何良策，宮澤講了一個挪威人捕沙丁魚的故事給本田聽，引起了本田極大的興趣。

挪威漁民出海捕沙丁魚，如果抵港時魚仍活著，賣價要比死魚高出許多倍。因此，漁民們想方設法讓魚活著返港，但種種努力都失敗了。只有一艘漁船卻總能帶著活魚回到港內，收入豐厚，但原因一直未明。直到這艘船的船長死後，人們才揭開了這個謎。原來這艘船捕了沙丁魚，在返港之前，每次都要在魚槽裡放一條鯰魚。放鯰魚有什麼用呢？原來鯰魚進入魚槽後由於環境陌生，自然向四處遊動，到處挑起摩擦，而大量沙丁魚發現多了一個「異己分子」，自然也會緊張起來，加速遊動。這樣一來，就一條條活蹦亂跳得回到了漁港。

本田聽完了宮澤講的故事，豁然開朗，連聲稱讚這是個好辦法。宮澤最後補充說：「其實人也一樣，一個公司如果人員長期固定不變，就會缺乏新鮮感和活力，容易養成惰性，缺乏競爭力。只有外面有壓力，存在競爭氣氛，員工才會有緊迫感，才能激發進取心，企業才有活力。」本田深表贊同，他決定去找一些外來的「鯰魚」加入公司的員工團隊，製造一種緊張氣氛，發揮「鯰魚效應」。

說到做到，本田馬上著手進行人事方面的改革，特別是銷售部經理的觀念離公司的精神相距太遠，而且他的守舊思想已經嚴重影響了他的下屬。必須找一條「鯰魚」來，儘早打破銷售部只會維持現狀的沉悶氣氛，否則公司的發展將會受到嚴重影響。經周密的計畫和努力，本田終於把松和公司銷售部副經理，年僅 35 歲的武太郎挖了過來。

武太郎接任本田公司銷售部經理後，首先制定了本田公司的行銷法則，對原有市場進行分類研究，制定了開拓新市場的詳細計畫和明確的獎懲辦法，並把銷售部的組織結構進行了調整，使其符合現代市場的要求，上任一段時間後，武太郎憑著自己豐富的市場行銷經驗和過人的學識，以及驚人的

毅力和工作熱情，得到了銷售部全體員工的好評。員工的工作熱情被激發起來，活力大為增強，公司的銷售出現了轉機，月銷售額直線上升，公司在歐美及亞洲市場的知名度不斷提高。

本田對武太郎上任以來的工作非常滿意，這不僅在於他的工作表現，而且銷售部作為企業的龍頭部門帶動了其他部門經理人員的工作熱情和活力。本田深為自己有效利用「鯰魚效應」的作用而得意。

從此，本田公司每年重點從外部「中途聘用」一些精幹利索、思維敏捷的 30 歲左右的主力軍，有時甚至聘請常務董事一級的「大鯰魚」，這樣一來，公司上下的「沙丁魚」都有了觸電似的感覺。

任何事情往往在沒有達到成功的頂峰時就危機四伏。如果沒有危機感和風險意識，久而久之，一種自滿情緒將彌漫在公司內部，在奮鬥、掙扎時的那種緊迫感逐漸消退了，許多人會認為自己應該有享受成功的權利，企業失去了初創時的活力。由於抵擋不住競爭中的橫逆，離失敗就不遠了。

心理學研究顯示：人在險惡之際，既會不遺餘力奮鬥發揮潛能，爆發出異乎尋常的勇氣，又會自動放棄平素的偏見與隔閡，團結一致共渡難關。一些有遠見的管理者會有意識的利用這種負激勵效應，適時製造些緊張空氣，讓員工時刻有種危機感。日本松下電器公司總經理山下俊彥非常注重在公司造成危機感和饑餓感，他認為企業越大，衰落危險就越大，並常用一些企業失敗的教訓提醒全體員工，使員工在「大好形勢」下，也保持一種危機感與警覺。

因此，他們始終追求新目標，而不是「知足常樂」，以使企業保持長盛不衰！

不論是什麼樣的企業都有一個賴以生存的大環境，而這個大環境中的許多因素都會影響乃至干擾到企業的正常運轉。就是這些大大小小的因素構成了企業經營過程中的風險因素。在競爭的平臺上，面對著來自各個方面的風

險，有的企業成功了，有的企業卻遭到失敗，甚至從此一蹶不振，以破產而告終。成功固然是值得慶祝的，失敗也沒必要去悲哀，關鍵是要從失敗中吸取經驗和教訓，避免下次再犯同樣的錯誤。正如松下幸之助所說：「不論擁有多麼偉大的事業，從來沒有一個人不曾遭遇過失敗的。做事總會遭遇失敗，但在每一次的失敗中有所發展，經過無數的體驗後，在其間逐漸成長。最後，在自我心中產生某種偉大的信念，才能完成偉大的事業。最重要的是，當遭遇失敗而陷入困境時，要勇敢而坦白的承受失敗，並且認清失敗的原因。體悟到：「這是非常難得的經驗，最寶貴的教訓」。」

而在具體的管理中，管理者可以不時的提醒你的員工，企業可能會倒閉，他們可能會失去工作。這樣可以激勵他們盡其所能，不至於怠慢企業和工作。

有一部分員工認為企業替員工創造穩定的工作環境是理所當然的，因此當公司面臨危機時，他們秉持著無所謂的態度。由此看來，適當的危機感對企業和員工都是有好處的。當員工戰勝他們面臨的挑戰時，他們就會更加自信，為企業做出更大的貢獻。成為對企業有所貢獻者，是工作穩定的唯一途徑。

第四章
協調溝通：把大家緊密聯繫在一起

著名組織管理學家巴納德認為：「溝通是把一個組織中的成員聯繫在一起，以實現共同目標的手段。」沒有溝通，就沒有協調，也就沒有管理。但現實中，人與人之間常隔著一道道無形的「牆」，堵塞著溝通管道，造成感情不融洽、關係不協調、資訊不交流。因此，要管好人用好人，就要重視溝通與協調。

1. 微笑是促進協調溝通的催化劑

微笑是盛開在人們臉上的花朵，是一份能夠獻給渴望愛的人們的禮物。當你把這種禮物奉獻給別人的時候，你就能贏得友誼，還可以贏得財富。微笑可以大大縮短人與人之間的距離，迅速增進親近感。可以說，微笑是促進協調溝通的催化劑。

一家信譽非常好的花店，以高薪聘請一位銷售店長，招聘廣告張貼出去後，前來應聘的人如過江之鯽。經過幾番口試，老闆留下了三位女孩讓她們每人經營花店一週，以便從中挑選一人。這三個女孩長得都如花一樣美麗，一人曾經在花店插過花、賣過花，一人是花藝學校的應屆畢業生，另一人只是一個待業青年。

插過花的女孩一聽老闆要讓她們以一週的實際經營成績為應聘資格，心中竊喜，畢竟插花、賣花對於她來說是駕輕就熟。每次一見顧客進來，她就不停介紹各類花的象徵意義以及給什麼樣的人送什麼樣的花，幾乎每一個人進花店，她都能讓人買一束花或一籃花，一週下來，她的成績不錯。

　　花藝女生經營花店，她充分發揮從書本上學到的知識，從插花的藝術到插花的成本，都精心琢磨，她甚至聯想到把一些斷枝的花朵用牙籤連接花枝夾在鮮花中，用以降低成本……她的知識和她的聰明為她一週的鮮花經營也帶來了不錯的成績。

　　待業女青年經營起花店，則有點放不開手腳，然而她置身於花叢中的微笑簡直就是一朵花，她的心情也如花一樣美麗。一些殘花她總捨不得扔掉，而是修剪修剪，免費送給路邊行走的小學生，而且每一個從她手中買去花的人，都能得到她一句甜甜的軟語 ── 「鮮花送人，餘香留己。」這聽起來既像女孩為自己說的，又像是為花店講的，也像為買花人講的，簡直是一句心靈默契的心語……儘管女孩努力珍惜著她一週的經營時間，但她的成績比前兩個女孩相差很大。

　　出人意料的是，老闆竟然留下了那個待業女孩。人們不解 ── 為何老闆放棄能為他賺錢的女孩，而偏偏選中這個縮手縮腳的待業女孩呢？

　　老闆如是說：「用鮮花賺再多的錢也只是有限的，用如花的心情去賺錢才是無限的。花藝可以慢慢學，可如花的心情不是學來的，因為這裡面包含著一個人的氣質、品德以及情趣愛好、藝術修養……。」

　　微笑是笑中最美的。對陌生人微笑，表示和藹可親；產生誤解時微笑，表示胸懷大度；在窘迫時微笑，有助於沖淡緊張氣氛和尷尬的情境。微笑是一種健康文明的舉止，一張甜蜜微笑的臉，會讓人愉快和舒適，帶給人們熱情、快樂、溫馨、和諧、理解和滿足。微笑展示人的氣度和樂觀精神，烘托人的形象和風度之美。

　　為什麼小小的微笑在人際交往中會有如此大的威力？原因就在於這微笑背後傳達的資訊：「你很受歡迎，我喜歡你，你使我快樂，我很高興見到你。」

　　那麼，作為經營管理者，更應該懂得微笑的而重大作用，學會微笑，適

時的給下屬一個微笑，可以縮短上司與部下距離，為下屬送去一絲溫暖與寬慰，增進理解信任，促進協調溝通。

世界著名的希爾頓大飯店的創始人希爾頓先生的成功，也得益於他母親的「微笑」。母親曾對他說：「孩子，你要成功，必須找到一種方法，符合以下四個條件：第一，要簡單；第二，要容易做；第三，要不花本錢；第四，能長期運用。」這究竟是什麼方法？母親笑而未答。希爾頓反覆觀察、思考，猛然想到了：是微笑，只有微笑才完全符合這四個條件。後來，他果然用微笑敲開了成功之門，將飯店開到了全世界的大城市。

難怪一位商人如此讚嘆：「微笑不用花錢，卻永遠價值連城。」

微笑像穿過烏雲的太陽，帶給人們溫暖；微笑是善意的信使，可以照亮所有看到他的人。學會微笑面對下屬，時刻別忘記微笑的力量：

每天上班時，別忘記給員工一個溫馨的微笑，那麼員工一天的工作熱情都會是熱情洋溢的；員工完成一項任務時，別忘記給他們一個讚揚的微笑，那麼他們定會明白微笑過後要再接再厲；員工做錯事情時，別忘記給他們一個鼓勵的微笑，那麼他們定會明白微笑過後努力改正；員工遇到困難挫折時，別忘記給他們一個支持的微笑，那麼他們定會明白微笑過後要勇敢堅強……。

2. 交談是最直接的溝通方式

協調溝通，從一定意義上講，就是透過面對面的交談和心靈之間的溝通，最終達到說服、教育、引導和說幫助人的目的。做好這項工作，不僅要管理者有較高的政治理論素養，還需要掌握比較高超的人際溝通藝術。

美國達納公司是一家生產諸如銅制螺旋槳葉片和齒輪箱等普通產品，主要滿足汽車和拖拉機行業普通二級市場的需要，擁有 30 億美元資產的企業。

1970 年初期，該公司的員工人均銷售額與全行業平均數相等。到了 1970 年代末，在並無大規模資本投入的情況下，它的員工人均銷售額已猛增了 3 倍，一躍成為《幸福》雜誌按投資總收益排列的 500 家公司中的第 2 位。這對於一個身處如此普通的行業的大企業來說，的確是一個非凡紀錄。

1973 年，麥斐遜接任公司總經理，他做的第一件事就是廢除原來厚達 57 公分的政策指南，代之而用的是只有一頁篇幅的宗旨陳述。其中有一條是：面對面的交流是聯繫員工、保持信任和激發熱情的最有效的手段。關鍵是要讓員工們知道並與之討論企業的全部經營狀況。

麥斐遜說：「我的意思是放手讓員工們去做。」他指出：「任何一些做這項具體工作的專家就是做這項工作的人，如不相信這一點，我們就會一直壓制這些人對企業做出貢獻及其個人發展的潛力。可以設想，在一個製造部門，在方圓不到一坪的天地裡，還有誰能比機床工人、材料管理員和維修人員更懂得如何操作機床、如何使其產出最大化、如何改進品質、如何使原材料流量最優化並有效使用呢？沒有。」他又說：「我們不把時間浪費在愚蠢的舉動上。我們沒有種種手續，也沒有大批的行政人員，我們根據每個人的需要、每個人的志願和每個人的成績，讓每個人都有所作為，讓每個人都有足夠的時間去盡其所能……我們最好還是承認，在一個企業中，最重要的人就是那些提供服務、創造和增加產品價值的人，而不是那些管理這些活動的人……這就是說，當我處在你們的空間裡時，我還是得聽你們的！」

麥斐遜非常注意面對面的交流，強調同一切人討論一切問題。他要求各部門的管理機構和本部門的所有成員之間每月舉行一次面對面的會議，直接而具體討論公司每一項工作的細節情況。麥斐遜非常注重培訓工作和不斷自我完善，僅達納大學，就有數千名員工在那裡讀書，他們的課程都是務實方面的，但同時也強調人的信念，許多課程都由老資格的公司副總經理講授。在他看來，沒有哪個職位能比達納大學董事會的董事更令人尊敬的了。

麥斐遜強調說：「切忌高高在上、閉目塞聽和不察下情，這是青春不老的祕方。」

透過面對面的交流，實現管理者與員工之間的協調溝通，是彼此互相信任，進而激發工工作熱情，促進工作效率的提高。

進行相互間的溝通與交流，是一門比較複雜的藝術。準備情況、場合、時機、在場的其他人員、談話的語氣、氣氛、雙方的表情、情緒乃至眼神、手勢等，都會對溝通效果產生較大的影響，只有在實踐中不斷探索，總結和累積，才能逐步提高。

在企業管理活動中，溝通是一個不可或缺的內容。溝通的能力對企業管理者來說，是比技能更重要的能力，營造良好的人際關係，靠的就是有效的人際溝通。實踐表明，許多優秀的管理者，同時也是溝通高手，一個成功的企業不能僅有外部溝通，由於生產力來自於企業內部，所以企業內部溝通直接影響組織效率、生產進度、生產完成率和合格率。只有當企業和員工之間有了真正意義上的相互理解，並使雙方利益具有最大限度上的一致，這個企業才能快速發展，並得到超高品質的產品和最大限度的利潤。

3. 耐心傾聽不同聲音

語言的含義並不在語言中，而是在說話者的心裡。因此，有效傾聽的意義，並不僅在於你是否在傾聽對方要表達的內容，更重要的是它展現了你是否對表達者有著人格的尊重。

有一次，在本田技術研究所內部，人們為汽車內燃機是採用「水冷」還是「氣冷」的問題發生了激烈爭論。本田是「氣冷」的支持者，因為他是管理者，所以新開發出來的 N360 小轎車採用的都是「氣冷」式內燃機。

爭論的起因是一場在法國舉行的一級方程式冠軍賽引發的。一名車手駕

駛本田汽車公司的「氣冷」式賽車參加比賽。在跑到第三圈時，由於速度過快導致賽車失去控制，賽車撞到圍牆上。接著，油箱爆炸，車手被燒死在車裡面。此事引起反響，也使得本田「氣冷」式 N360 汽車的銷量大減。因此，本田技術研究所的技術人員要求研究「水冷」內燃機，但仍被本田宗一郎拒絕。一氣之下，幾名主要的技術人員決定辭職，本田公司的副社長藤澤感到了事情的嚴重性，就打電話給本田宗一郎：「您覺得您在公司是當社長重要呢，還是當一名技術人員重要呢？」

本田宗一郎在驚訝之餘回答道：「當然是當社長重要啦！」藤澤毫不留情的說：「那你就同意他們去做水冷引擎研究吧！」

本田宗一郎這才省悟過來，毫不猶豫說：「好吧！」

於是，幾個主要技術人員開始進行研究，不久便開發出了水冷引擎。

後來，本田公司步入了良性發展的軌道。有一天，公司的一名中層管理人員西田與本田宗一郎交談時說：「我認為我們公司內部的中層主管都已經成長起來了，您是否考慮一下該培養一下接班人了呢？」

西田的話很含蓄，但卻表明了要本田宗一郎辭職的意願。本田宗一郎一聽，連連稱是：「您說得對．您要是不提醒我，我倒忘了，我確實是該退下來了，不如今天就辭職吧！」由於涉及到移交手續方面的諸多問題，幾個月後，本田宗一郎把董事長的位子讓給了河島喜好。

對於下屬所提出的相反的意見，甚至讓其辭職，本田宗一郎都很爽快的接受了。這樣一位虛心聽取下屬意見的領導人，怎麼會不讓下屬們敬佩呢？無怪乎，本田公司至今仍屹立不倒，本田宗一郎在日本甚至整個世界的汽車製造業裡，享有如此高的聲響。

在員工說話的過程中，如果管理者不能集中自己的注意力，專心接受資訊，主動理解對方，就會被員工認為是忽略、輕蔑、瞧不起、歧視、冷漠甚至殘酷。員工有了這樣一些感受，使本來的「員工問題」變成了「問題員

工」，就會像羅伯特一樣炒老闆的魷魚。

員工在說話或陳述意見時，希望管理者能認真傾聽他們的講話，希望能被管理者所理解，希望他們的思考和見解得到尊重。因此，當員工陳述其觀點時，作為管理者切忌中途打斷他們的話，避免使其產生防範心理。在傾聽過程中，管理者要及時給予回饋，因為沒有資訊回饋，員工就不知道是否被理解，真實的資訊回饋是形成上下級之間相互信任和充滿信心氣氛的必要條件。

成功的管理者，從來都是耐心傾聽來自下屬的各方面的聲音，並以此來與下屬協調溝通，從而達到有效的管理。

要進行協調和溝通，第一步就是要獲取資訊。獲取的資訊越多，就會使協調溝通更加順暢。然而，現實生活中的很多情況是，沒等獲取完資訊，就開始做出回應，這樣自然效率很低。關於如何獲取資訊，是非常有學問的，要講究方法，總的來說，積極傾聽是最為有效的方式。用管理者的話說，積極傾聽就是為了獲取資料，了解真相，得到回應，然後有針對性的給予回應。

從某種意義上講，積極傾聽比說話要難做到得多，因為它要求傾聽者腦力的投入，要求集中全部注意力。人們說話的速度是平均每分鐘 150 個詞彙，而傾聽的能力則是每分鐘可接受將近 1000 個詞彙。兩者之間的差值顯然留給大腦充足的時間，使其有機會神遊四方。

有人對經理人的溝通情況做過分析，每天用於溝通的時間約占 70% 左右。即每天撰寫占 9%，閱讀占 16%，言談占 30%，傾聽占 45%。但許多經理人都不是一個好聽眾，效率只有 2%，主要原因是缺乏誠意和傾聽技巧，難以實現積極的傾聽。

沒有了仔細而有效的傾聽，就會形成永遠無法看到、也無法突破的盲區，這時，固執就成為人性中的弱點。

一般說來，有效傾聽有九大技巧。這九項技巧分別為「要喜歡傾聽」、「懂得避開干擾」、「綜合說話重點」、「必須控制情緒」、「不妄下定論」、「不打擾發言者」、「要有同理心」、「要有傾聽的需求」以及「懂得綜合結論」。

「三個金人」的故事就是有效傾聽技巧的代表。

曾經有個小國，到大國去拜見國王，進貢了三個一模一樣的金人，金碧輝煌，把國王高興壞了。可是這小國不厚道，同時出一道題目：這三個金人哪個最有價值？

國王想了許多的辦法，請來珠寶匠檢查，稱重量，看做工，都是一模一樣的。怎麼辦？使者還等著回去稟報呢。泱泱大國，不會連這點小事都不懂吧？

最後，有一位退位的老大臣說他有辦法。

國王將使者請到大殿，老臣胸有成竹的拿著三根稻草，插入第一個金人的耳朵裡，這稻草從另一邊耳朵出來了。第二個金人的稻草從嘴巴裡直接掉出來，而第三個金人，稻草進去後掉進了肚子，什麼聲響也沒有。老臣說：第三個金人最有價值！

使者默默無語，答案正確。

這個故事告訴我們，最有價值的人，不一定是最能說的人。老天給我們兩隻耳朵一個嘴巴，本來就是讓我們多聽少說的。善於傾聽，才是成熟的人最基本的素養。

傾聽始於注意。好的傾聽者在談話中能夠保持注意力。在交談的過程中，不時注視一下對方，對對方的談話有時發出回饋資訊，如「嗯」、「是的」，有時插入簡短的評語等，都有助於保持注意力並讓對方察覺自己在專注傾聽。

理解傾聽到的內容是有效傾聽的第二個環節。理解的內容包括事實性資訊和情感資訊。

有效傾聽的第三個環節是記憶。傾聽過程中的注意程度和資訊加工程度對長時間記憶有影響。專注傾聽和積極思考、質疑等都會增加大腦對資訊加工的深度，自然有助於保持記憶。

掌握傾聽的藝術並非很難，只要克服心中的障礙，從小細節做起，肯定能夠成功。

傾聽是一種智慧，它超越我行我素、自以為是的封閉；傾聽是一種境界，它造就涵容萬象、兼收並蓄的人生氣度；傾聽是一種思想，它含射著沉思默想、貫通物我的明達 —— 團隊管理中真正的傾聽，是一種心靈美好的相互期待與相互喚醒。聽出重點，聽出優點，聽出弱點，聽出漏洞。

傾聽是一種境界，一種忘我的境界！耐心傾聽，表示你的尊重；認真傾聽，感受你的認同；含笑傾聽，贏得他的信任；安靜傾聽，分享他的喜悅。傾聽，凝聚著善良，交織著關愛，傳達著肯定和鼓勵，而累積的則是對他人的尊重和理解。

總之，只有積極傾聽，才能獲取更多的資訊，使溝通協調更加順暢。

4. 換位溝通，促進理解

所謂「換位思考」是人對人的一種心理體驗過程，將心比心、設身處地，是達成理解不可缺少的心理機制。它客觀上要求我們將自己的內心世界，如情感體驗、思維方式等與對方聯繫起來，站在對方的立場上體驗和思考問題，從而與對方在情感上得到溝通，為增進理解奠定基礎。它即是一種理解，也是一種關愛！與人之間要互相理解、信任，並且要學會換位思考，這是人與人之間交往的基礎。

《伊索寓言》中有這樣一則故事：講的是太陽和風的故事。一天，太陽與風正在爭論誰比較強壯，風說：「當然是我。你看下面那位穿著外套的老人，

我打賭，我可以比你更快叫他脫下外套。」

說著，風便用力對著老人吹，希望把老人的外套吹下來。但是它越吹，老人越把外套裹得更緊。

後來，風吹累了，太陽便從後面走出來，陽光暖洋洋的照在老人身上。沒多久，老人便開始擦汗，並且把外套脫下。太陽於是對風說道：「溫和、友善永遠強過激烈與狂暴。」

伊索是個希臘奴隸，比耶穌降生還早 600 年，但是他教會我們許多關於人性的真理。使我們知道，現在，溫和、友善和讚賞的態度也更能教人改變心意，這是咆哮和猛烈攻擊所難以奏效的。

生活中有時會發生這種情形：對方或許完全錯了，但他仍然不以為然。在這種情況下，不要指責他人，因為這是愚人的做法。你應該了解他，而只有聰明、寬容、特殊的人才會這樣去做。

對方為什麼會有那樣的心理和行為，其中自有一定的原因。探尋出其中隱藏的原因來，你便得到了了解他人行動或人格的鑰匙。而要找到這種鑰匙，就必須誠實的將你自己放在他的地位上。

假如你對自己說：「如果我處在他當時的困難中，我將有何感受，有何反應？」這樣你就互相寬容、理解，多去站在別人的角度上思考。可省去許多時間與煩惱，也可以增加許多處理人際關係的技巧和手腕。

尤其作為企業管理者，為了增進上司與下屬的協調溝通，就更要學會換位思考。

遠在 1915 年的時候，小洛克菲勒還是科羅拉多州一個不起眼的人物。當時，發生了美國工業史上最激烈的罷工，並且持續達兩年之久。憤怒的礦工要求科羅拉多燃料鋼鐵公司提高薪水，小洛克菲勒正負責管理這家公司。由於群情激憤，公司的財產遭受破壞，軍隊前來鎮壓，因而造成流血，不少罷工工人被射殺。

那樣的情況，可說是民怨沸騰。小洛克菲勒後來卻贏得了罷工者的信服，他是怎麼做到的？

小洛克菲勒花了好幾個星期結交朋友，並向罷工者代表發表談話。那次的談話可稱之不朽，它不但平息了眾怒，還為他自己贏得了不少讚賞。演說的內容是這樣的：

這是我一生當中最值得紀念的日子，因為這是我第一次有幸能和這家大公司的員工代表見面，還有公司行政人員和管理人員。我可以告訴你們，我很高興站在這裡，有生之年都不會忘記這次聚會。假如這次聚會提早兩個星期舉行，那麼對你們來說，我只是個陌生人，我也只認得少數幾張面孔。由於上個星期以來，我有機會拜訪整個附近南區礦場的營地，私下和大部分代表交談過。我拜訪過你們的家庭，與你們的家人見面，因而現在我不算是陌生人，可以說是朋友了。基於這份互助的友誼，我很高興有這個機會和大家討論我們的共同利益。由於這個會議是由資方和勞工代表所組成，承蒙你們的好意，我得以坐在這裡。雖然我並非股東或勞工，但我深感與你們關係密切。從某種意義上說，也代表了資方和勞工。

多麼出色的一番演講，這可能是化敵為友的一種最佳的藝術表現形式。假如小洛克菲勒採用的是另一種方法，與礦工們爭得面紅耳赤，用不堪入耳的話罵他們，或用話暗示錯在他們，用各種理由證明礦工的不是，你想結果如何？只會招惹更多的怨憤的暴行。

透過應用換位思考，可以解決員工心理上的顧慮，把握他們的考慮方向。同時作為一種具有強包容性的管理方式，能夠有效解決與其他管理模式的相容問題。無論是我們強化管理、強化考核、責任追究等等，都可以透過換位思考，解決心理認知問題，解決觀察問題角度不同的問題；可以理順各方面的關係，形成一種凝聚力和奮鬥堡壘的作用。

5. 將心比心，協調溝通

　　協調溝通的最終結局是雙方達成共同認知，而啟發對方進行心理位置互換，讓對方設身處地體驗別人心理，主動調整自己的態度和行為方式，這是達到這一目的的行之有效的方法之一，這種方法就是將心比心術。

　　所謂將心比心，就是設身處地為對方著想，說幫助對方分析情況，權衡利弊得失，講清利害關係，使其同意你的主張和觀點。關鍵要抓住根本利害關係以說之，且不說對國家、對社會的利害如何，就是只從個人實實在在的得失考慮，也應該趨利避害，以接受你的說服為上策。一個人處在某種利害關係之中，對某個問題看不清，盲目行動，甚至危害自己的利益而不知。只要一經點破，即會恍然大悟，接受勸告，改變原來的主張。說服要設身處地的考慮對方的利益，誠心誠意替對方著想，然後有目標性的進行說教，這樣對方才容易被說服。

　　某企業因經營不善要倒閉，工人將面臨失業，不但拿不到遣散費，連欠發的薪水也兌現不了。

　　工人們聚集在主管辦公室的門口抗議，要求主管拿出解決的辦法來，情緒非常激動。

　　主管說：「工廠就在你們眼前，你們都看到了。現在把工廠拍賣，也恐怕沒有人買。就算能賣掉，也換不了幾個錢，如果先還上銀行貸款，大家還是分文拿不到。」

　　怎麼辦？是丟掉機器？把主管綁起來？把廠裡的產品搶回家？把機器、廠房砸爛還是燒掉，讓公安局抓去坐牢？還是冷靜善後處理呢？

　　聰明的主管在一連串的問話後，接著說：「工廠是大家的。人人都是老闆。現在我們組成專案委員會，把工廠按比例分給大家，大家都是股東，都是老闆。少拿點薪水，努力工作，撐幾個月看看。賺了，是大家的。賠了，

再關門也不遲。你們想想，現在把工廠砸了，什麼也拿不到，不如自己當老闆，繼續做做看。」

主管在詳細分析了利害關係後，工人想了想，覺得廠長說得有道理，於是聽從了主管的勸說，紛紛集資入股重新做了起來。大家都把工廠當做自己的事來做，特別賣力，經過一段時間的經營，工廠居然起死回生，轉虧為盈，不但還上了債務，工人還分到了紅利。

用語言作假設，可達到將心比心的目的；也可用自己的行為，現身說法，讓對方體驗別人的心理，進而對他的言行做出調整，同樣可達到將心比心的目的。

將心比心，首先要抓住人心，那麼如何才能抓住人心呢？那麼要在人的情緒進入下列低潮時，是抓住人心的最佳時機：

(1) 工作不遂心時。比如因工作失誤，或工作無法照計畫進行而情緒低落。因為人在徬徨無助時，希望別人來安慰或鼓舞的心情比平常更加強烈。

(2) 人事異動時。因為人事異動而調到單位的人，通常都會交織著期待與不安的心情，應該幫助他早日去除這種不安。另外，由於工作職位的構成人員改變，部屬之間的關係通常也會產生微妙的變化，不要忽視了這種變化。

(3) 他人生病時。不管平常多麼強壯的人，當身體不適時，心靈總是特別脆弱。

(4) 為家人擔心時。家中有人生病，或是為小孩的教育等煩惱時，心靈也總是較為脆弱。應該學習把婚喪喜慶當做是鞏固票源機會的政治家之智慧。

這些情形都會促使人的情緒低落，所以適時的慰藉、忠告、援助等，會比平常更容易抓住別人的心。因此，一方面，平常就要累積一些員工的個人

資料，然後熟記於心。

以上說的是抓住人心的最佳時機，下面介紹幾個要點來察覺他人心情的躍動規律。

(1) 臉色、眼睛的狀態（閃爍著光輝、咄咄逼人、視線等）。

(2) 說話的方式（聲音的腔調、是否有精神、速度等）。

(3) 談話的內容（話題的明快、推測或措辭）。

(4) 身體的動作、舉止行動是否活潑。

(5) 姿勢，走路的方式，整個身體給人的印象（神采奕奕或無精打采的）。

綜合這些資料，就可以探索到他人心靈的狀態。應該有意識的研究這些資料，以便能正確掌握各人的特徵。只有這樣，才能抓住人心。達到將心比心，協調溝通。

6. 洞察欲求，滿足需求

凡人都有欲求，企業員工也不例外。

只有洞察下屬的所有欲求，才能懂得如何激發他們的工作熱情。這是企業管理者贏得下屬尊重、激發下屬活力的方法。

當你明白了下屬做事是因為他們有獲得幸福的某些基本需求和願望之後，你就容易理解他們的行為了。一個人所做的一切，其目的都是指向獲得那些基本需求和願望的。有些需求和願望是單純為了身體的需求，而有些要求和願望是需要終生學習才能得到的。

首先是身體的需求。

身體需求，即衣食住行等方面的物質需求。滿足一個人的身體需求可能成為促使這個人採取某種行為的特殊目的。基本的身體需求都是那些關係人

的生存和生活的，諸如：食品、飲料、睡眠、衣服、住房的滿足以及其他一些正常的身體功能的需求。企業管理者應當關心下屬「生活需求」，盡可能給他們解決實在的物質待遇，例如：有房住房，或住房是否合適；某一天的健康狀況等，這些看起來雖然是小事，但是卻處處展現出管理者對下屬生活問題的關心，極易打動人心，產生親近感。達到這種效果，就能做到從下屬的實際欲求方面排憂解難，啟發他們的工作熱情，使他們爆發出更大的工作能量。

其次是心理的需求。

心理的需求是一個人在生活中從他被評價以及別人對他的態度的感覺和觀察中學來的需求。心理需求，諸如對安全的願望、對社會稱讚的願望，以及被社會承認的願望，都可能比某些身體需求更為強烈。人們有可能會不擇手段去取得它們。

你可以用人的心理需求或者願望作為目標去激發他，這往往要比用身體需求去激發他有更為明顯的效果，你也很容易從他身上得到你所需要的東西並贏得用人的無限能力。每一個正常人基本都有如下的需求或者願望：

(1) 對其成就的承認，對價值的認可。

(2) 感到自我滿足，有一種自以為了不起的感覺。

(3) 有優勝的願望，有名列第一的願望，有出人頭地的願望。

(4) 有將某個地方以主人自居的感覺。

(5) 金融成功：有錢，有錢可以買到的東西。

(6) 得到社會或團體內的稱讚，被同等地位的人所接受。

(7) 對個人權利的感覺。

(8) 身體健康，沒有任何疾病，身體舒服。

(9) 有創造性表現的機會。

（10）在某些有價值的事情上取得了成績或者成就。

（11）新的經驗。

（12）有自尊、自愛、自負感。

（13）有各種形式的愛。

（14）悠閒自在。

（15）有心理上的安全感。

許多管理者都明白，根據下屬的欲求可以激發他的主觀能動性。如果一名企業管理者能夠把下屬的欲求轉變為其工作欲望，那麼這個企業管理者就是一位用人大師。因此只有當你洞察了下屬的欲求之後，才能真正了解你的下屬，才能達到善用人力的效果。作為企業管理者，不可草率為之。

例如，同樣的薪酬系統，在不同的企業文化中配合不同的語言藝術、環境藝術、差異化藝術等使薪酬支付的藝術像一隻「看不見的手」，指揮著你的員工唱出和諧的團隊之歌。

員工對願意接受的薪酬方案、激勵體系和公平感都是非常主觀的，薪酬與感知及價值觀聯繫緊密，很多的衝突也由此產生。正是在協調、平衡這種衝突的過程中產生了無數種薪酬支付方案，正如世上沒有包治百病的靈丹妙藥一樣，薪酬支付永遠也沒有標準答案，是不是最好要看是否適合企業而定。

「每一位成功的男人背後都站著一位偉大的女人。」日本麥當勞漢堡店總裁藤田就懂得如何幫助員工塑造「偉大」的女人，從而使自己的員工成為成功的男人。每一位員工的太太過生日時，一定會收到總裁藤田讓禮儀小姐從花店送來的鮮花。事實上，這束鮮花的價錢並不昂貴，然而太太們心裡卻很高興，「連我先生都忘了我的生日，想不到董事長卻惦記著送鮮花給我。」總裁藤田經常都會收到類似的感謝函及電話。

日本的麥當勞除了 6 月底和年底發放獎金外，每年 4 月，再加發一次

獎金。這個月的獎金並不交給員工，而是發給員工們的太太。先生們不能經手。員工們把這獎金戲稱為「太座獎金」。

除此之外，日本麥當勞漢堡店每年都在大飯店舉行一次聯歡會，所有已婚從業人員必須帶著「另一半」出席。席間，除了表彰優秀的員工外，總裁藤田還鄭重其事對太太們說：

「各位太太們，你們的先生為公司做了很大的貢獻，我已經做了各方面的獎勵。但有一件事我還要各位太太們幫忙，那就是好好照顧先生的健康。」

「我希望把你們的先生培養成為一流的人才，幫助他們實現人生的夢想，從而發展你們家庭的和睦，可是我無法更多、更細緻的兼顧他們的健康，因此我把照顧先生們身體健康的重任交給了你們。」

聽了這番話，哪一位太太內心不存感激呢？而這種感激對一個家庭又意味著什麼呢？顯然，儒家文化中的「家」的概念，在薪酬支付中發揮了激勵員工、凝聚員工的作用。

管理者透過對員工欲求的洞察，適時滿足員工需求，使彼此之間相互理解信任，從而使二者緊密相連，團結一致，促進企業持續發展。

7. 注意交流方式，於人於己有利

在優秀的企業中，管理者的命令總是能夠被迅速執行。這正是因為在這些企業裡，管理者注重與下屬的交流方式，尤其是非正式的交流使上下隨時保持溝通的結果。正確的交流方式於人於己都有利。

如果將沃爾瑪公司的用人之道濃縮成一個詞，那就是溝通，因為這正是沃爾瑪成功的關鍵之一。沃爾瑪公司以各種方式進行員工之間的溝通，從公司股東會議到極其簡單的電話交談，乃至衛星系統。他們把有關資訊共用方面的管理看作是公司力量的新的源泉。當公司僅有幾家商店時就這麼做，讓

商店經理和部門主管分享相關的資料。這也是構成沃爾瑪公司管理者和員工合作夥伴關係的重要內容。

　　沃爾瑪公司非常願意讓所有員工共同掌握公司的業務指標，並認為員工們了解其業務的進展情況是讓他們做好其本職工作的重要途徑。分享資訊和分擔責任是任何合夥關係的核心。它使員工產生責任感和參與感，意識到自己的工作在公司的重要性，覺得自己得到了公司的尊重和信任，他們會努力爭取更好的成績。

　　沃爾瑪公司是同行業中最早實行與員工共用資訊，授予員工參與權的，與員工共同掌握許多指標是整個公司不斷恪守的經營原則。每一件關於公司的事都公開。在任何一個沃爾瑪商店裡，都公布該店的利潤、進貨、銷售和減價的情況，並且不只是向經理及其助理們公布，而是向每個員工、計時工和兼職雇員公布各種資訊，鼓勵他們爭取更好的成績。山姆・沃爾頓曾說：「當我聽到某個部門經理自豪的向我匯報他的各個指標情況，並告訴我他位居公司第五名，並打算在下一年度奪取第一名時，沒有什麼比這更令人欣慰的了。如果我們管理者真正致力於把買賣商品並獲得利潤的熱情灌輸給每一位員工和合夥人，那麼我們就擁有勢不可擋的力量。」

　　總結沃爾瑪公司的成功經驗，交流溝通是很重要的一方面。管理者盡可能與他的「合夥人」進行交流，員工們知道得越多，理解就越深，對公司事務也就越關心。一旦他們開始關心，什麼困難也不能阻擋他們。如果不信任自己的「合夥人」，不讓他們知道事情的進程，他們會認為自己沒有真正被當做合夥人。情報就是力量，把這份力量給予自己的同事所得到的利益將遠遠超過將消息洩露給競爭對手所帶來的風險。

　　沃爾瑪公司的股東大會是全美最大的股東大會，每次大會公司都盡可能讓更多的商店經理和員工參加，讓他們看到公司全貌，做到心中有數。山姆・沃爾頓在每次股東大會結束後，都和妻子邀請所有出席會議的員工約

2500 人到自己家舉辦野餐會，在野餐會上與眾多員工聊天，大家一起暢所欲言，討論公司的現在和未來。透過這種場合，山姆 · 沃爾頓可以了解到各個商店的經營情況，如果聽到不好的消息，他會在隨後的一兩個星期內去視察一下。股東會結束後，被邀請的員工和未參加會議的員工都會看到會議的錄影，並且公司的報紙《沃爾瑪世界》也會刊登關於股東大會的詳細報導，讓每個人都有機會了解會議的真實情況。山姆 · 沃爾頓說：「我們希望這種會議能使我們團結得更緊密，使大家親如一家，為共同的利益而奮鬥。」

良好的溝通對員工產生了極大的激勵作用，能給他們帶來深層的精神鼓舞，透過自身的參與和工作被肯定，使他們感覺到自己對公司的重要性，任何員工都是可以被激勵的，只要他們被正確對待，並得到適當的培訓機會。如果對員工友善、公正而又嚴格，他們最終會把公司當成自己的家。因此，沃爾瑪公司想出許多不同的計畫和方法，激勵員工們不斷取得最佳工作實績。

公司每次的股東大會上，經理人員們都喊口號、唱歌、向退休者致敬，並且表揚取得最高銷售額的部門經理，向獲得最佳駕駛紀錄而贏得安全獎的卡車司機表示敬意，為店面陳設最富創意以及在業務競賽中獲獎的員工鼓掌致謝。山姆 · 沃爾頓說：「我們希望員工們知道，作為經理人員和主要股東，我們衷心感謝他們為沃爾瑪公司所做的一切。」

所有的人都喜歡讚揚，因此，沃爾瑪公司尋找一切可以讚揚的人和事。員工有傑出表現，公司都會給予鼓勵，使員工知道自己對公司多麼重要。以此來激勵員工不斷創造，永爭先鋒。由此又促使員工以正確的方法行事。沃爾瑪相信，做到這一點，人類的天性就會表現出積極的一面。

沃爾瑪公司還積極鼓勵員工講出自己建設性的想法，在公司經理人員辦公會議上，經常邀請一些有真正能改進商店經營的想法的員工來和大家分享他的心得。例如，公司邀請那些想出節省金錢辦法的員工來參加經理會議，

從他們的構想中每年可以節約 800 萬美元左右。其中絕大多數想法都是普通常識，只是大家都認為公司已經很龐大而沒有必要那麼做罷了。其中一名運輸部門的員工，對於擁有全美國最大私人卡車車隊的沃爾瑪公司卻要由其他運輸公司來運送公司的採購貨物感到大惑不解，她提出了用公司自己的卡車運回這些東西的辦法，一下子為公司節約 50 萬美元以上。公司表彰了她的構想，並給予她獎勵。多年來，沃爾瑪公司從員工那裡汲取了很多好的想法，並激勵員工不斷為公司的發展出謀劃策，進一步增強員工們的參與意識，使他們真正感到自己的「合夥人」地位。

優秀企業裡資訊交流的性質以及對這類交流的運用，都是顯著不同於它們那些不那麼出色的同行們的。優秀企業本身就是一個龐大的、不拘形式的、開放性的資訊溝通交流系統。

在一個以速度求生存的社會中，組建一個無溝通壁壘的組織，永遠是一個優秀團隊值得追求的目標。在任何團隊中，壁壘越少，員工間的溝通就越充分。溝通越充分，員工就越有積極性。員工的工作積極性越高，團隊的績效就會越好。

交流的第一條原則就是無論和交流都要有原則，應該本著「大事講原則，小事講風格」，實事求是的風格來進行真誠的交流溝通。這裡的交流溝通原則就是能否做到顧大局識大體，是否能夠堅持維護團體的利益，利於大局問題的解決，除此之外雞毛蒜皮的小事就不必過於計較。基於這種原則的指導，實際溝通中就容易形成求大同存小異，就能夠處理好如何即不失原則，也不失靈活。

交流的第二條原則就是要有一個積極良好的心態看待人，堅持用事實說話，反對捕風捉影式的聯想猜測。要以一個積極良好的心態看待人，不能總是以為誰是混帳，就自己一個人什麼都好，以這種心態來交流溝通，十有八九是不會有效的，交流溝通不好還整天牢騷滿腹，滿腹冤屈。用積極良好

的心態來溝通，用事實說話，一是一，二是二，這是我們是否能夠看清事物，堅持原則的基本前提。否則就只能是感情用事，一好就沒有一點錯，一錯就沒有一點好，這不是實事求是的表現。

在企業中，我們經常遇到的交流溝通都是因為某事我們持有不同意見，需要坐下來一起探討，在這其中，我認為應該秉行對事不對人交流原則，同時要學會換位思考，這條原則在談判上表現的尤其明顯。在企業內部，有時候雙方各執一詞，甚至爭得面紅耳赤，對於這種勇於認真的精神應該肯定，因為只有這種據實爭執才能有利於把事情的原委弄明白。但切記，爭執不等於謾罵，更不等於人身攻擊，如何理性控制情緒，對事不對人原則應該時刻牢記。

為了取得正確的一致意見，我認為交流溝通的一條好原則就是要學會堅持、學會等、學會捕捉機會，學會在總結反思中的堅持和讓步。真誠用心去溝通，去表達自己的意見，傾聽別人的意見，冷靜和理智的總結反思彼此的本質訴求和差異，為了爭取核心目標的認同，有時必須學會妥協次要的目標。要勇於一次次激烈碰撞後的冷靜反思，以及反思後再一次次激烈碰撞，要學會有效的溝通衝突處理，對於原則問題的交流溝通，要有屢敗屢戰的良好心態去堅持。要堅信心理上真正的一致是溝通碰撞後達成的一致，真正的團結是經過對抗之後形成的團結。現實中因為每個人的成長及所處的生活環境以及受教育的程度、人生經歷不一樣，這就造成對某些問題的看法讓大多數人很難一下子就統一起來，這時候我們就應該要學會允許等、允許看，要學會透過讓自己行動去創造的事實來證明自己的觀點，以此來促進溝通對象心理的轉變，允許他們心理轉變經歷一個過程，這個過程相對於不同的人來說可能有的長有的短，我們不要做時間上的一刀切，要有胸懷。

在交流溝通的堅持過程中，經常會出現局部衝突，讓交流的雙方心理的感受很累，面對交流衝突問題，事實上我們不怕再溝通，就怕不溝通而採

取聽之任之甚至老死不相往來的態度來處理。這裡就需要交流雙方理性的堅持，選擇再次的交流。一旦交流溝通有衝突，下次主動交流時，必須主管及時找下屬，年長者找年輕者，男同事必須找女同事。同時作為一個上級主管，應該隨時注意自己的下屬和下屬之間有無溝通障礙，一旦發現有衝突或者潛在問題，應該及時主動去協調解決。

管道暢通，心順氣通，它既反映了一個團隊的作風，又反映了同事關係。疏通管道，讓一切熱愛團隊的員工參與到團隊的經營管理中，才可使團隊永久保持旺盛的生命力。

8. 建立管道，避免溝通障礙

對於一個團隊而言，通暢的資訊流動管道也是促進溝通的積極因素之一。在獲取資訊的有效方式上有多種選擇，工作報告、專案總結、團隊活動、專門的布告欄都能促進資訊流通。資訊從一個人傳遞到另一個人，從一個部門傳遞到另一個部門，其主旨是為了要求每個人強調投入一定的時間和精力以保證知道彼此在進行的工作。在資訊傳遞過程中，要特別注意向相關工作人員的資訊傳達，透過彼此的解釋，達到真正的理解。

比爾蓋茲在微軟公司內部，採用網路和員工聯絡，打破了管理上的層級之分，減少和避免了多層管理帶來的問題，企業的管理者將自己的想法貫徹始終，使公司營運的計畫，透過網路及時了解和掌握企業內部的情況並進行決策。

藉助先進網路模式，蓋茲將公司員工，按各個專案，分成許多不同的「工作小組」。微軟公司內部的各個不同作業系統與應用程式，交給不同的「工作小組」負責開發，以便能夠讓工作人員發揮其創造力，設計出最佳產品。

微軟公司的這種企業文化，使企業得以靈活應對變化中的市場，不遠離消費者。透過網路連接，員工能夠及時了解企業與經營者的經營理念，領會上級意圖，明確責權賞罰，避免推卸責任，打消「混日子」的想法，而這一點對於以「工作小組」為運作核心的微軟公司而言，是非常重要的。

比爾蓋茲不止一次提到電子郵件用起來極為方便。利用網路，他可直接與員工討論工作問題，及時指出錯誤，說幫助員工及時改正錯誤，限定期限，形成高級系統，保持高效運作。作為員工，利用網路辦公，不需要和公司的管理人員直接見面，可以在任何時間、任何地點就某項工作進行熱烈討論，大大提高了工作效率。

在比爾蓋茲的日常工作中，一條電子資訊通常只是一兩句並不詼諧的話。也許比爾蓋茲將向三四個人傳送此類資訊：「讓我們取消星期一上午9點的會議，每個人用這段時間來準備星期二的會談。怎麼樣？」對此，往往得到很簡潔的回答：好的。

如果這樣的交流看起來很簡單，那麼請記住：微軟公司的一個普通員工每天會收到幾十條這類電子資訊。一個電子郵件就好比會議上做出的一個陳述或提出的一個問題 —— 是人們在通訊過程中所想到或要質詢的東西。為了商業目標，微軟公司設有電子郵件系統，但是，就像辦公室裡的電話，它還為社會或個人提供其他多樣的服務。例如，徒步旅行者可以為了要找到坐騎上山把電話打給「微軟徒步旅行者俱樂部」的所有成員。

每天，比爾蓋茲都要花幾個小時閱讀來自全球的員工、客戶和合作者的電子郵件，並做出答覆。公司中的每一個人都可把電子郵件傳送給他，而蓋茲是唯一一個讀它的人，不必擔心禮儀問題。

當比爾蓋茲旅行的時候，每天晚上，他都把自己的筆電和微軟公司的電子郵件系統連接起來，補充新的資訊，同時把他在這一天旅行中所寫下的東西傳遞給公司的職員。許多接收蓋茲的資訊的人甚至都沒有意識到他不在辦

公室裡。當蓋茲從遙遠的地方和他們共同的網路聯繫起來時，也可以點一下某個圖示，以便了解銷售情況，檢查計畫的實施情況，並可以得到任何基本的管理資料。當蓋茲在千萬裡之外或幾個時區之外時，只有檢查一下他在公司中的電子郵箱才能讓他放心，因為壞消息幾乎總是從電子郵件中傳來。所以假如沒有什麼壞消息傳來的話，蓋茲就用不著擔心了。

　　一個聰明的管理者應該懂得如何創造出員工溝通交流的機會和管道，而不只是被動的等待。一旦溝通出現了障礙，就會使對方溝通的窗戶關閉，敞開性降低，這樣還談何高效？試想，如果兩人在溝通中無話可說，只是寒暄，這又談何溝通？因此，我們要有效避免溝通中的障礙，以使溝通協調變得更加順暢。

　　為此，首先要了解溝通都有哪些障礙，歸納起來主要有以下幾點：

(1) 由知識、經驗等差異引起的障礙。發出資訊者對要傳遞的資訊是憑自己的知識、經驗進行編碼發送的，而收到資訊也是憑自己的知識、經驗進行解碼接受。如果發、收雙方有共同的知識和經驗即「共通區」，那麼對傳遞資訊就能有相同的理解和共識。

(2) 過濾的障礙。過濾指故意操縱資訊，使資訊顯得對接受者更為有利。比如，下屬告訴上司的資訊都是上司想聽到的東西，這位下屬就是在過濾資訊。資訊過濾的程度與組織結構的層級和組織文化兩個因素有關。

(3) 心理障礙。由於資訊傳遞者的心理傾向，致使資訊的傳遞被歪曲或中途停止。例如，傳遞者對資訊的內容在觀點、態度或心理上不能接受，或對資訊本身抱有敵對、不信任，因而有意歪曲或不感興趣而故意擱置，以致資訊走樣、失真甚至停止傳播。還有些人常常喜歡據其主觀判斷去推測對方的意圖和動機，猜測對方的「言外之意」、「弦外之音」。這樣，不僅歪曲事實，產生誤會，還會嚴重影響

人際關係。

(4) 語言障礙。同樣的詞彙對不同的人來說含義是不一樣的。年齡、教育和文化背景是三個最明顯的影響因素，他們影響著一個人的語言風格以及他對詞彙含義的界定。而在一個團隊中，隊員常常來自於不同的背景。另外，橫向的分化也使得專業人員發展了各自的行話和術語。

管理者平時最好用簡單的語言、易懂的言詞來傳達訊息，而且對於說話的對象、時機要有所掌握，有時過分的修飾反而達不到想要完成的目的。

(5) 非語言提示的障礙。非語言溝通幾乎是與口頭溝通相伴的，如果二者協調一致，溝通效果便會被強化。如上司的語言顯示他很生氣，他的語調和身體動作也表明很憤怒，於是接收者可判斷出他很惱火，這極可能是個正確的判斷。但當非怨言提示與口頭不一致時，就會使接收者感到迷茫，而且傳遞資訊的清晰度也會受到影響。

(6) 地位障礙。社會地位不同的人往往具有不同的意識、價值觀念和道德標準，從而造成溝通的誤解。不同階層的成員，對同一資訊會有不同的甚至截然相反的理解。

(7) 組織障礙。組織結構不合理，會嚴重影響組織內部溝通管道的形成和暢通。這種障礙是由於組織結構層次過多。層次越多，溝通中資訊失真的可能性就越大；機構重疊，溝通傳遞過程緩慢，影響資訊的時效性，時機已過，資訊就失去了價值；條塊分割，各獨立的部門各為自己的利益而層層設卡，封鎖資訊；管道單一，造成資訊不足，影響溝通效果。

(8) 情緒。在溝通時，雙方的情緒也會影響到對資訊的解釋。不同的情緒感受會使個體對同一資訊在不同時間做出的解釋截然不同。極端的情緒體驗，如狂喜或憂鬱，都可能阻礙有效的溝通。

在了解了溝通的障礙之後，我們要採取一些方法有效避免。一般說來，要特別注意以下四點：①在雙方溝通時一定不要作價值性判斷，即不要用簡單的「好」、「壞」、「肯定」或「否定」來評論一個事物，要把握好用語的謹慎度；②溝通雙方要求同存異，盡全力達成共識，切勿總抱著一個呆板不變的立場；③雙方在溝通時，一定要目標明確，否則只能稱之為「閒談」，且浪費時間；④雙方溝通時，要考慮到彼此的時間，要給雙方充足的時間進行溝通，切勿有時間壓力，也可採取在規定的時間內，著重溝通幾件重要的事情。總之，我們要盡全力避免溝通中的障礙，使彼此的協調溝通更加順暢。這裡就必須考慮到另一個問題：在溝通時該如何做出回應，以擴大溝通的敞開性。

9. 讓溝通順暢無阻

要讓溝通順暢無阻，使之產生「乘數」的效果，必須在心理上和行動上達到統一。

惠普公司創建於 1939 年，有雇員近 12 萬人，在全球 500 家最大的工業公司中位列前茅。惠普公司不但以其卓越的業績跨入全球百家大公司行列，更以其對人的重視、尊重與信任的企業精神聞名於世。

作為世界級大公司，惠普對員工有著極強的團隊凝聚力。到惠普的任何機構，你都能感覺到惠普人對他們的工作是如何滿足。這是一種友善、隨和而很少感到壓力的氣氛。在擠滿各階層員工的自助餐廳中，用不了 3 美元，你就可以享受豐盛的午餐，笑聲洋溢，彷彿置身於大學校園的餐廳。

惠普公司的成功，靠的正是「重視人」的宗旨。這一宗旨源遠流長，目前還在不斷自我更新。

惠普公司的目標總是一再修訂，又重新印發給每位員工，上面每次都要重申公司的宗旨：「組織的成就，是每位同仁共同努力的結果。」目標還強調

惠普對有創新精神的人所承擔的責任，這一直是驅使公司獲得成功的動力。正如公司目標的引言部分所說：「惠普不應採用嚴格的軍事組織方式，而應賦予全體員工以充分的自由，使每個人按其本人認為最有利於完成本職工作的方式，使之為公司的目標做出各自的貢獻。」

因此，比爾‧惠利特說：「惠普的這些政策和措施都是來自於一種信念，就是相信惠普員工想把工作做好，有所創造。只要給他們提供適當的環境，他們就能做得更好。」

這就是惠普之道。惠普之道就是尊重每個人和承認他們每個人的成就，個人的尊嚴和價值是惠普之道的一個重要因素，而這可以說是惠普公司持續高效的奠基石。

惠普的成功相當程度上得益於它恆久的團隊精神和文化。惠普公司對員工的信任表現得最為清楚，並且讓員工感受到這種信任。實驗室備品庫是存放電氣和機械零件的地方，它實行開放政策，就是說工程師們不但在工作中可以隨意取用，而且實際上還鼓勵他們拿回自己家裡去供個人使用！這是因為惠普公司認為，不管工程師用這些設備所做的事是不是跟他們手頭從事的工作有關，只要他們擺弄這些東西，就能學到一些事情。它是一種精神，一種理念，員工感到自己是整個團隊的一部分，而這個團隊整體就是惠普。

惠普公司採用的僱用制是充滿人情味的東方式的典型做法，與歐美企業形成了鮮明的對照：重視個人，關心員工利益，與員工同甘共苦。

惠普公司的用人政策是：給你提供永久的工作，只要員工表現良好，公司就永遠僱用。早在 1940 年，公司的總裁就決定，該公司不能成為「要用人時就僱，不用時就辭」的企業。在當時，這可是一項頗具膽識的決策，因為當時電子業幾乎是全靠政府訂貨的。後來，惠普公司的勇氣又在 1970 年的經濟衰退中經受了嚴峻考驗。公司一個人也沒辭退，而是全體人員，包括公司主管在內，一律減薪 20%，每人的工作時間也減少 20%。結果，惠

普保持了全員就業，順利熬過了衰退期，為以後的高效發展奠定了最堅實的基礎。

(1) 彼此尊重

尊重是一縷春風，一泓清泉，一顆讓人溫暖的舒心丸，一支促人奮進的強心劑。它常常與真誠、謙遜、寬容、讚賞、善良、友愛相得益彰，與虛偽、狂妄、苛刻、嘲諷、凶惡、勢利水火不容。

尊重是溝通的第一前提，沒有尊重，就會在自己和對象之間設立一個萬丈隔音牆，無論是誰的聲音都無法傳到對方的耳中，此時的溝通協調就只是一種擺設和形式了。

尊重是理解和配合的必要條件，尊重了才能夠信任，尊重了才能將對話進行到「心」，才能互相理解，才能換位思考，才能達成一致。

由上可見，不論什麼樣的團隊，彼此尊重都是團隊成員合作的基礎。只有團隊成員彼此尊重對方的意見和觀點，尊重對方的知識與技能，尊重個體的差異與需求，欣賞對方的才華與貢獻，才能促成合作的心理狀態，實現順暢的協調溝通，團隊才能和諧運轉。

當然，對於協調而言，協調的難度由每人心中所想、個性所區別、利益所需求、準備所到位以及成事之不同階段所決定。如果能做到在相互尊重的基礎上人盡其備、各抒己見、協同一心，溝通協調必將達到效果，團隊作戰才能無往而不勝。

(2) 實事求是

實事求是，是指從實際情況出發，不誇大、不縮小、不偏袒、不護短、正確對待和處理問題。一切從實際出發，重證據、重調查研究，勇於堅持真理、勇於修正錯誤。

在溝通中，要盡量客觀。這裡說的客觀，「情」「理」相宜，就是尊重事

實。事實是怎麼樣就怎麼樣，應該實事求是反映客觀實際。當然，客觀反映實際，也應視場合、對象，注意表達方式。概括言之，主觀與客觀的統一就是實事求是。

對於聽者來說，應該不帶成見的聽取意見，鼓勵對方充分闡述自己的見解。只有以此為基礎，才能實現在心理和感情上的真正溝通，才能收到全面可靠的資訊，才能做出明智的判斷和決策，達到協調溝通，實現和諧協調。

團隊管理中的溝通協調，同樣必須做到從實際出發，就事論事，而不要帶太多個人色彩，有失偏頗。只有這樣，才能使溝通協調更加順暢，最具公信力。當然，與此同時，實事求是也會為你贏來尊重和信任，有了信任的前提，才能使溝通協調具有和諧的環境，並最終達到預期或者超過期望的效果。

(3) 求同存異

在團隊裡，常常會聚集來自不同背景、不同專業的各類人員。從不同角度出發，人際溝通可以劃分為不同類型，如合作型、競爭型、分離型、衝突型等。所以，不能要求所用的人都和你是同一類型。事實上，衝突有積極與消極之分。唐代最著名的諫臣魏征曾是唐太宗李世民最信任的一位大臣，然而他們之間卻時常發生衝突，因為魏征總是直言不諱指責太宗的過失，惹得太宗怒不可遏，屢次揚言要殺掉這個「鄉巴佬」。但是冷靜思考之後，發現魏征的諫詞是非常正確的，故而對他越加信任。當魏征病死後，唐太宗曾傷心的說：「朕失去了一面可以明得失的鏡子。」

團隊使秉承不同類型的人為同一個目標努力，研究和事實都證明，只有不同類型的人有機組合，才能實現最高效率。而要實現團隊高效並不是件容易的事情。因為觀念的不同會導致溝通中不同的建議，甚至是激烈的衝突。解決這種問題的有效方法就是求同存異，它是順暢協調溝通的又一重

要前提。

在具體的溝通協調中，必須樹立求同存異的心理，以不同的現實為出發點，以「共同」為目標，看到「異」的優點，有膽量並有氣量來為別人的不同提供發揮的機會，「求大同，存小異。」以求同存異的思考基礎來化解困境，實現有效的溝通和協調，實現互利，共同成長。

（4）互利共贏

在團隊管理中，不要把自己以外的所有人都樹立為敵人或者是競爭者，從而嫉妒他人的成功，用各種卑鄙的手段去攻擊他人、互相拆臺，最終兩敗俱傷。

只有誠心誠意幫助團隊中的其他隊員，無論是上級、下級還是平級，一起種下一個「互利互惠」的樹，才能收穫「互利互惠」的果。

協調溝通是團隊管理的生命線，也是團隊管理的潤滑劑，但要實現順暢有效的協調溝通，必須遵守以上這四大前提。真正從心理和行動上做到彼此尊重，求同存異，實事求是，互利共贏。否則，順暢的溝通協調就只能是空談。

上篇 人性化管人—講章法，但是也要講人情

下篇 個性化用人

——講規則，但是也要講創新

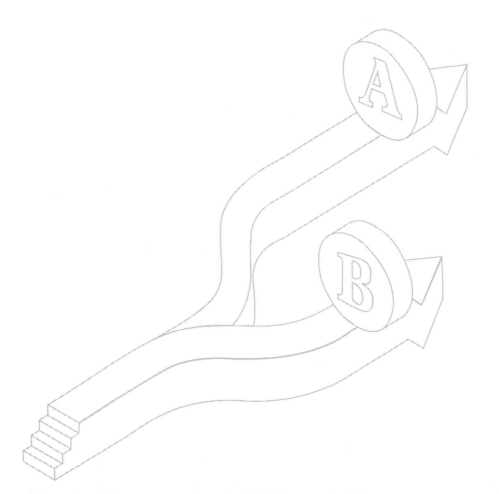

第五章
慧眼識人，選好人才能用好人

「辦事不外用人，用人必先知人。」用人就像用馬，如果得到千里馬卻不認識，或者即使認識了，卻不能充分發揮它的能力，那當然就只會喜歡那種衰弱無力的馬，而拋棄雄壯剽悍的駿馬了。管理者用人一開始就要選好人，一個團隊只有把人選好，才能把人用好，最後才有成功的保證。

1. 管理者要有求賢若渴的欲望

一個精明的管理者，在選拔人才時，只會考慮其是否有才能，是否適合企業的需要，而不會考慮是否與其有仇，是否是自己親人．這樣對企業的發展才有利。

在漢末三國時代的群雄中，求才欲望最為強烈的應當屬曹操。曹操最懂得人才的重要性。演義第三十三回寫到曹操平定冀州後，親自前往袁紹的墓地祭奠，曹操向眾將述說了他本人與袁紹共同起兵討伐董卓的一段談話。袁紹說：「如果討伐董卓不能成功，吾南據河，北阻燕代，南向以爭天下，庶可濟乎？」曹操答：「吾任天下之智力，以道禦之，無所不可。」這裡的「智」是指謀臣，「力」是指武將。可見初露頭角的曹操，就把人才作為自己建功立業的根本。正因為對人才的重要性有著最為深刻的理解，因而曹操的求才欲望也是最強烈的。

官渡之戰之初，形勢對曹操十分不利。袁曹兩軍對峙，處於膠著狀態。曹操不僅兵力少於袁紹，而且糧草山接濟不上。曹操甚至萌生了退軍的念頭。許攸年少時曾與曹操有交情，此時卻在袁紹那裡做謀士。在袁紹那裡不

僅得不到重用，反而遭人誣陷，被袁紹斥罵，百般無奈，只好棄袁投曹。許攸溜出袁紹的營寨徑直奔曹營，被曹操的軍卒拿住。許攸說：「我是曹丞相故友，快與我通報，說南陽許攸來見。」「時操方解衣歇息，聞說許攸私奔到寨，大喜，不及穿履，跣足出迎。遙見許攸，撫掌歡笑，攜手共入，操先拜於地。」許攸慌忙扶起曹操說：「公乃漢相，吾乃布衣，何謙恭如此？」曹操說：「公乃操故友，豈敢以名爵相上下乎？」許攸說：「某不能擇主，屈身袁紹，言不聽，計不從，今特棄之來見故人，願賜收錄。」曹操說：「子遠（許攸字）肯來，吾事濟矣！願即教我以破紹（袁紹）之計。」

一個人才前來投奔，身居丞相位的曹操，竟然大喜到了來不及穿鞋，光著腳出迎的地步，而且還「撫掌大笑」，「先拜於地」，這段精彩的描述，刻劃出曹操的求才之渴。除上述對待投奔的許攸表現出的得意忘形外，演義對曹操的求賢若渴還有許多具體的描述。曹操聯絡袁紹等人起兵討伐董卓之時，便招募了樂進、李典、夏侯惇、夏侯淵以及曹仁、曹洪等一班武將。討伐董卓失敗後回到山東，更是大力招賢納士。先是荀彧、荀攸叔姪應招而來，二荀又推薦丁程昱，程昱推薦郭嘉，郭嘉推薦劉曄，劉曄推薦滿寵和呂度，滿、呂二人又推薦毛玠。曹操的態度是不厭其多，來者不拒，一經推薦，馬上委以重任。于禁、典韋兩員大將也被他網羅而來。自此曹操文有謀臣，武有猛將，威震山東。可是曹操並不滿足，他的胃口大得很，對於他用得著的人才，見一個愛一個，想方設法弄到手，稱他為「人才迷」，一點也不過分。許褚、張遼、徐晃、張郃、龐德等勇將，都是被他運用各種手段網羅到自己團隊裡來的。對於劉備新得的謀士徐庶，曹操用拘其母、假造書信的方式弄到自己手裡。長阪坡陷入曹軍重圍的趙雲，曹操因見其武藝不凡，竟下令軍兵不得放箭，只要捉活的，致使趙雲殺出重圍而去。曹操對由於誤中敵方離間之計，或因激怒而錯殺有用的人才，往往是懊悔不已。得力人才戰死或病亡，曹操的悲痛程度比對自己親人的亡故有過之而無不及，武將如典韋、文

臣如郭嘉都是如此。為了不損害自己求賢若渴的形象，使更多的有用之人投奔自己，狂士禰衡裸衣擊鼓辱罵曹操，曹操也不肯殺他，讓他去劉表那裡，藉以藉刀殺人。劉備一向有不居人下之志，曹操心裡非常明白，手下多有勸曹操殺之以絕後患的，曹操怕落得個「害賢」之名而不肯下手。曹操為了使關羽投降，答應其提出的苛刻條件，為了留住關羽他費盡了心血。這些都表現了曹操異常強烈的求才欲望。

如果說三國時代的軍事競爭，歸根究底是人才的競爭的話，那麼現代社會的競爭，無論是技術競爭、市場競爭、資訊競爭、資源競爭，說到底也都是人才的競爭。要想在激烈的競爭中求生存、圖發展，廣泛擁有各方面的人才是至關重要的。人才問題不僅關係到各個企業、各個部門的生存發展，也關係到一個國家的盛衰存亡。史達林曾經說過：「人才、幹部是世界上所有寶貴的資本中最有決定意義的資本。」一個時期以來，經濟領域流行這樣一個口號：「時間就是金錢，效率就是生命，資訊就是資源，人才就是資本。」1930 年初，美國深感知識、人才的重要，除在本國加速人才培養外，還從國外引進大量科技人才。這些人才對美國的科技和經濟的發展起了決定性的作用，最終使美國成為世界頭號經濟強國。第二次世大戰後，日本能夠在一片廢墟上使經濟迅速騰飛，重要的原因就是自明治維新開始就重視人才的培養。實踐證明凡是在競爭中立於不敗之地的企業，肯定都擁有一批出色的技術和管理人才。因此，現代管理者必須有強烈的求才欲望。

從另一方面講，所謂人才，是指依靠創造性勞動做出較大貢獻或具有較大貢獻「潛力」的人，是人群中的精華。這樣的人自然不多，往往淹沒在廣大的人群之中，並不容易發現。特別是在現代化大生產條件下，社會分工精細，許多人才往往潛心於研究、讀書，不善於交往，不引人注意。一部分人才特別是知識造詣很深的人，不喜歡拋頭露面，炫耀自己，相當一部分人是恃才傲物，不輕易符合；一部分人趨炎附勢，甚至對管理者敬而遠之。上述

的各種表現確實是不可避免的客觀存在，因此管理者若不進行深入調查、求訪，人才是不會輕易被發現的。

　　人才資源是使公司能有效運轉的最關鍵的因素，是公司重要的資產，他們是公司最重要的組成部分。關心他們，愛護他們，尊重他們是企業管理的重要部分。只有他們得到了保障才會全心全意投入到工作中去。

　　在科學技術飛速發展的今天，人才的重要性日益顯著，任何組織的管理者如果沒有對人才的需求欲望，恐怕很難有所作為。缺少求才的欲望，勢必壓制、埋沒人才，使組織缺乏生氣，員工積極性受挫。缺少求才欲望，容易任人唯親，使組織內庸才成堆，人浮於事，是非滋生，效率不佳。缺少求才欲望，往往嫉賢妒能，其結果只能是決策經常失誤，經營處處碰壁。

　　人力資源是企業的最大資源。企業的生存和發展，歸根結底是靠人才的支撐，企業的利潤，來源於人力資源的最大的發揮，眾多成功的企業在其幹差萬別的理由中，都有一條最基本的因素，那就是有效的人才資源的開發。所以，要想使企業迅猛發展，必須使人才得到各盡所能的發揮，只有這樣企業才能發展壯大。

2. 伯樂才能尋得「千里馬」

　　常言道，千里馬常有，而伯樂不常有。群馬之中，既有良馬，又有駑馬。良馬、駑馬並沒有印記和標籤，膘肥肉滿、體構高大未必就是良馬：毛長體瘦也不一定都是駑馬。這就需要獨具慧眼的伯樂加以甄別。伯樂高超的相馬本領，就在於他能在萬千的馬匹中準確找到千里駒。而管理者識才能力的高下主要展現在對潛人才的發現。善於識別潛入才，才能稱得上伯樂。正因為開發潛人才有相當人的難度，所以要求管理者慧眼識珠。

　　「千軍易得，一將難求」的感嘆，使人深切感到軍事人才在決定戰爭勝

敗、國家興亡中的重要地位和作用。縱觀歷史，大凡社會動亂、戰火四起、軍事對抗集中而又突出的時候，軍事人才就特別受到國家和社會的重視。

「威震乾坤第一功，轅門畫鼓響咚咚。雲長停盞施英勇，酒尚溫時斬華雄。」這是演義第四回中讚揚關羽溫酒斬華雄這一壯舉的詩篇。然而，對於關羽來說，與華雄交手的這一機會真是來之不易。

十八路諸侯討伐董卓時，袁紹為盟主，袁術為督糧官，孫堅為先鋒，曹操是聯合討伐董卓的發起人，在各路諸侯中也很有地位。劉備當時不過是個卑小的縣令，關羽、張飛一個是馬弓手，一個是步弓手，受諸侯之一、影響不大的公孫瓚之邀，也參加了討伐董卓的行動。董卓部將華雄當先串精兵 5 萬，迎戰袁紹等人，眾諸侯出師不利，接連受挫。華雄勇敢善戰，先斬鮑信的弟弟鮑忠，攻破孫堅的營寨。接著又殺了袁術的驍將俞涉、韓馥的大將潘鳳，眾諸大驚失色。袁紹說：「可惜吾上將顏良、文醜未至！得一人在此，何懼華雄！」話音剛落，關羽大呼而出：「小將願往斬華排頭，獻於帳下屍袁紹問關羽現居何職，公孫瓚告訴他是劉備手下的馬弓手。袁術大喝：「汝欺吾眾諸侯無大將耶？量一弓手，安敢亂言！與我打出！」曹操急忙出面：「公路息怒。此人既出大言，必有勇略；試教出馬，如其不勝，責之未遲。」袁紹況：「使一弓手出戰，必被華雄所笑。」曹操說：「此人儀表不俗，華雄安知他是弓手？」經曹操苦勸，關羽才得以出戰華雄。臨行前，曹操命令賜熱酒一杯為他壯行，關羽讓暫且斟下，提刀上馬。不多時，關羽回帳，把華雄的人頭擲在地上，曹操所賜之酒尚溫。這時，張飛不顧身分卑微，高聲大叫：「俺哥哥斬了華雄，不就這裡殺入關去，活拿董卓，更待何時！」袁術大怒：「俺大臣尚自謙讓，量一縣令手下小卒，安敢在此耀武揚威？都與吾趕出帳去！」曹操說：「得功者賞，何訃貴賤乎？」袁術說：「既然公等只重一縣令，我當告退。」曹操怕鬧翻，讓公孫瓚帶劉備、關羽、張飛回寨，暗使人送酒肉撫慰三人。

人才有「顯人才」和「潛人才」之分。所謂潛人才，足指那些擁有某種才能，或具備了成長與發展的素養，但是由於缺乏顯示的條件和機會，尚未被社會認可或取得顯著成績的人。潛人才的智慧，往往不亞於甚至優於顯人才，一些不可多得的人才往往就隱落在普通人群中。由於才幹潛在性的特點，發現潛人才並不是一件容易的事。這就要求管理者具有正確的觀念、較高的管理才能和較好的道德品格修養。

第一，管理者正確的思考方式。

傳統的、世俗的觀念影響人的脫穎而出。管理者要衝破傳統的觀念和偏見的束縛，能夠透過出身、地位等外在現象而把握人才的內在本質。在選人用人問題上，袁紹、袁術不能擺脫習慣勢力的影響，思維簡單化，足典型的形而上學的思考方式。這對門第顯赫、身居高官的兄弟，死抱著尊卑觀念不放，固執認為職務高者能力恆高，職務低者能力恆低。甚至情況發生了變化，仍然抱著固定不變的看法。關羽請戰的時候，袁氏兄弟因為關羽是一個馬弓手而輕視他；關羽斬廠猛將華雄之後，袁術仍舊輕視他。相比而言，曹操卻能不拘俗見識才量才。關羽請戰，曹操勸說袁氏兄讓讓關羽試一試，因為人以用見其能否。曹操注重實績。劉于人才標準的認識，曹操與袁氏兄弟優劣分明。袁因循守舊，從割建的等級觀念山發，認為「等級」就是「能級」。曹操則認為，等級不同於能級，識才不拘尊卑，用才不計貴賤，這種「唯才足舉」的思考模式在當時稱得上是一種大膽、創新的意識。

第二，管理者自身的才能。

三國時期著名的人才學家劉邵說過：「一流之人能識一流之善；二流之人能識二流之善。」高明的管理者，因為自己的才能出眾，因而往往能在人才初露端倪的時候，先於他人發現人才的真實本領和發展前途。劉備屢遭失敗，依附於曹操，學圃種菜，佯裝胸無大志。如果曹操是個庸人，絕不會把

劉備放在眼裡。但曹操不是庸人，他不以劉備的現實處境為重，反而認為「天下英雄唯使君與操耳」。對待關羽也是如此。袁氏兄弟本是庸才，免不了狗眼看人低，認為一個低賤的馬弓手不會有大本事，曹操卻能從關羽的敢出大言和儀表不俗中意識到此人「必有勇略」，因而積極支援關羽出戰迎敵。

齊白石是一代國畫大師，他自幼刻苦讀書學畫，遊歷了祖國的名山大川，創作了許多美術作品，但最初人們沒有意識到他作品的價值。1926 年，北下畫界名流組織了一個國畫展覽會，展覽大廳顯要處掛滿了名家畫軸，觀者如牆。而在一個昏暗角落裡掛著齊白石的《雙蝦圖》，蝦體透明彷彿潛在水中，長鬚好像在晃動，栩栩如生，可是標價只有 8 元。當時北平國立美術學院院長徐悲鴻也來觀看畫展，發現了這幅蝦圖，堪稱「傑作」，當即買下。齊白石從此名聲大振。

徐悲鴻能發現齊白石的重要原因在於他自己就是國畫界的一代宗師，自己有本事，才能對別人的本事和潛能產生高度的敏感。才幹平庸的管理者，不僅做不好管理，也難以發現真正的人才。因此，要想在開發人才上有所作為，必須提高管理者自身的素養，成長真才實幹。

第三，管理者的道德品格

能否卓有成效進行人才開發，不僅取決管理者管理水準的高低，還取決於管理者自身的道德修養。管理者如果私欲膨脹，就會眼界狹窄，抱殘守缺，嫉賢妒能。關羽斬了華雄，袁紹不獎賞；劉、關、張三英戰敗呂布，袁紹也不獎賞。如果為了事業，出於公心，就會視野開闊，衝破框架，選賢任能。曹操的個人品格優於袁紹，他能以大局為重，時時保護人才，處處愛惜人才。

顯人才與潛人才之分是相對的。劉備當了縣令，在任命馬弓手的時候，關羽自然是顯人才，而當十八路諸侯面前急需一個能戰勝華雄的勇將時，關

羽又成了潛人才。顯人才人人都能意識，但是顯人才遠遠不能滿足需求，必須尋找和發現更多潛人才，使之發展為顯人才。孔子說：「十室之邑，必有忠信」，這句話包含著一個真理，就是人才的普遍性。人才到處都有，關鍵在於能否發現和意識。作為一個組織的管理者，更不能總是立足於外，一味到別處去尋求人才，首先應該立足於內部的挖掘。作為一個組織的管理者，更不能只盯著「遠來的和尚」，要多留心自己的周圍。金鳳凰很可能隱藏在雞窩裡，金盆也可能陷入淤泥裡。關羽不就是雞窩裡的金鳳凰，淤泥裡的金盆嗎？

在識人的過程中，往往出現這樣的現象，就是「管中窺豹」，從而影響對一個人總體形象的意識，「一俊遮百醜」、「情人眼裡出西施」，這種以點蓋全的觀點，並不能真實反映一個人的全貌。姜子牙如果沒有「伯樂」，將垂釣一生，也不會有周朝的天下．一個企業要想得到優秀的人才，就必須從大局上去考察和看人。

3. 人不可貌相，海水不可斗量

古人云：「膚表不可以論中，望貌不可以核能。」這就是說，不能根據外表評價人的品德，不能看相貌估量人的才能。即不能以貌取人，觀察其相貌定是非，倒不如研究他的思考模式和他辦事的能力如何來得可靠。

「人不可貌相，海水不可斗量。」這是一句有益的識才辨才格言。泰戈爾說得好：「你可以從外表的美來評論一朵花或一隻蝴蝶，但不能這樣來評價一個人。」以相貌取人、判人，沒有絲毫的科學根據。

龐統與諸葛亮並稱為臥龍鳳雛。魯肅對龐統的評價非常高：「上通天文，下曉地理：謀略不減於管樂，樞機可並於孫吳。」龐統確實是當時少有的奇才。赤壁之戰，龐統巧授連環計，誘使曹操用鐵鍊將戰船鎖在一起，使周瑜

的火攻得以成功，顯露出了超人的膽識和卓越的才華。周瑜死後，魯肅總領東吳兵馬。魯肅極力向孫權舉薦龐統。可是一見面，孫權見龐統「濃眉掀鼻，黑面短髯，形容古怪。」心裡就很不喜歡。孫權問：「公平生所學以何為主？」龐統答：「不必拘執，隨機應變。」孫權又問：「公之所學，比公瑾何如？」龐統笑著說：「某之所學與公瑾大不相同。」孫權平生最喜歡周瑜，見龐統輕視他，心中越發不高興，就對龐統說：「公且退。待有用公之時，卻來相請。」龐統走了以後，魯肅問：「主公何不用龐士元？」孫權說：「狂士也，川之忖益？」魯肅極力保舉：「赤壁鏖戰，此人曾獻連環策成第一功。主公想必知之。」孫權曰：「此時乃曹操自欲釘船，未必此人之功也。吾誓不用之。」

　　在龐統被魯肅引見給孫權之前，諸葛亮曾經寫下一封書信，將龐統推薦給劉備。孫權拒絕龐統之後，魯肅害怕這一難得的人才落入曹操之手，也給劉備寫了一封推薦龐統的信。龐統帶著兩封推薦信離開東吳去投劉備，見到劉備長揖不拜。劉備見龐統相貌醜陋，心中也有些不高興，只是問了句：「足下遠來不易？」龐統並沒有拿出諸葛亮和魯肅的推薦信，只說：「聞皇叔招賢納士，特來相投。」劉備說：「荊楚稍定，苦無閒職，此去東北一百三十里，有一縣名平陽縣缺一縣宰，屈公任之，如後有缺，卻當重用。」龐統便到這個偏遠的小縣去做縣令。演義第六十回，益州別駕張松求見曹操，欲獻上益州地理圖本並充當曹操進軍益州的內應，曹操因張松「人物猥瑣」、「語言衝撞」而將其拒之門外，也是一個以第一印象取人的事例。

　　用人先要識人。管理者在用人的時候，首先要對所用之人有個較為全面的了解，這樣才能保證用得其所。心理學研究顯示，初次接觸的雙方，首先觀察和注意到的是對象的相貌、衣著、談吐、舉上等外在現象，然後不自覺根據這些片面資訊給對方做出一個初步評價。由於初次接觸的時間短，所獲得的資訊有限，而且都是表面的、感覺性的材料，因而在判斷評價上往往會產生一些偏差。這就是所謂的「第一印象」。

　　應當指出，認知客體是複雜的。在某些人身上，外在與內在有可能得到較為和諧的統一。如心美貌亦茭，心惡貌亦惡，等等。而在許多情況下，人的外在與內在是不相統一甚至足矛盾的。金玉其外很可能敗絮其中，醜陋的外表之中很可能懷有一顆善良的、智慧的心。龐統醜陋的相貌與其蓋世的才華；鄧艾的口吃與其超凡的膽識：張松的猥瑣與其博聞強記，能言善辯。內在的東西是深深隱藏著的，外在的是容易觀察到的，如果不深入探究，就很容易看錯一個人。孫權、劉備的鄙視龐統，曹操的厭惡張松，都是根據第一印象做出了錯誤的判斷。

　　同時，認知主體在認知上的差別性和波動性，也是造成第一印象偏差的重要原因。每個認知主體對客體的認知水準是有差別的，也就是說，每個管理者對人的評價與判斷能力是有差別的。由於管理者的智力因素與非智力因素；導致識人用人能力的差別。有的管理者善於識人用人，有的管理者則拙於此道。曹操、劉備、孫權在識人用人方面高人一籌，所以周圍人才濟濟，燦若星辰。呂布、劉表、袁紹、袁術之流沒有識人之眼，手下或者沒有得力人才，或者有人才不受重用。另一方面，同是一個人，認知能力也存在著波動性，此時此地的認知能力與彼時彼地的認知能力往往也存在著差異。由於地位、環境、心境的不同，導致對人的認識與評價的程度的差異。即使是具有識人之眼的管理者，有時對人的認識也難免帶有感情色彩。孫權不用龐統，是在赤壁大勝之後，「氣驕而言難入」：曹操拒張松，正值大破馬超歸來，「志滿而易驕」。在這種情況下，孫、曹兩人丟掉了平時禮賢下士平易近人的作風，僅憑第一印象將難得的人才拒之於門外。

　　今天的管理者憑第一印象取人的表現，不僅僅像孫權、劉備、曹操那樣因龐統、張松的貌醜和氣傲而不用；有時他們接觸一個沉默寡言的下屬，就斷定此人窩囊：接觸一個穿著講究的人以為此人有紈絝之習；遇到一個下屬未向他打招呼，就以為此人目中無人；遇到一個犯過錯誤的下屬，就認定此

人今後還會犯錯誤，等等。管理者如果憑這樣的第一印象去取捨人才，那是肯定會失誤的。總結歷史的經驗，在識人用人上切忌以偏概全，更不要被表面現象所迷惑。

正所謂：「膚表不可以論中，望貌不可以核能。」這就是說，不能根據外表評價人的品德，不能看相貌估量人的才能。即不能以貌取人，觀察其相貌定是非，倒不如研究他的思考模式和他辦事的能力如何來得可靠。

4. 勤於考察才能知才

聽言觀行，察能考績，是發現人才、選拔人才的常用方法。

俗話說，形能傳神，言為心聲，而行動又是人物思考模式和性格特徵的具體表現。《三國演義》裡善於從這些方面突出人物的鮮明個性，並且描寫了以此選拔人才的許多成功例子。

汜水關前，關羽要求出戰華雄。書中對關羽有一段描寫：「其人身長九尺，髯長三尺，丹鳳眼，臥蠶眉，面如重棗，聲如巨鐘，立於帳前。」這形象，這氣勢，嚴如天神一般。曹操評價：「此人儀表不俗。」因而堅持讓關羽出戰，果然斬了華雄。

曹操聽說有人與典韋大戰，從晨至午，又戰到黃昏，不分勝負，大驚。隨後又親到戰場，「見其人威風凜凜，心中暗喜。」這才設計收服，得了許褚。曹操移駕許昌，途中被徐晃攔截。曹操見徐晃「威風凜凜，暗暗稱奇。」接著讓許褚出馬與之交鋒，兩人戰五十餘合，不分勝負，從而認定徐晃是位將才。派人把他爭奪到自己手下。

對於文臣謀士，《三國演義》中多是透過面談和考察。

荀彧投奔曹操，「操與語大悅，曰：『此吾之子房也！』遂認為行軍司馬。」曹操請郭嘉來到兗州，共論天下之事。孫權得了魯肅，「與之談論，終日不

倦。」到了半夜，孫權請教天下大計，魯肅言簡意賅，談了爭奪天下的策略。孫權聽後「大喜，披衣起謝」、「次日厚贈魯肅」，劉備透過與諸葛亮隆中一席談話，確信諸葛亮並非「有虛名而無實學」，遂堅請諸葛亮出山相助。諸葛亮最終識鄧芝，透過詢問，認為他能夠執行聯吳抗魏的外交路線，因而派他「往結東吳」，重修蜀吳之好。

到一個人所治理的地方去考察、了解一個人，《三國演義》中也不乏其例。

張飛就曾受劉備派遣，去巡視荊南諸縣，親自看龐統辦案。粗魯之如張飛，從考察中也了解到真實情況，發現龐統是一個被屈沉的人才。這說明「聽言不如觀事，觀事不如現行」，深入下去，實地考察，是選拔人才的更可靠的辦法。

管理者選才用人，主要包含選才與用人兩方面內容。所謂選才，就是正確選拔人才，其主要是對管理者的選拔配備。所謂用人，就是合理使用人才，即將每一個人安排在一個恰當的位置上，讓其充分發揮應有的作用。簡而言之，就是指管理者或管理者集團在管理者活動的過程中，憑藉組織所授予的職權，按照一定行政隸屬關係和幹部管理許可權，對下屬加以選拔、使用、激勵等一系列組織行為活動過程。

當前，管理者在選才用人的實際工作中存在的誤區，綜合歸納主要有以下幾種：

一‧識別人才上「大視野，小視角」：管理者思維問題。

管理者經常遇到這樣的問題：在同一的標準和條件下，往往會出現意見不一致的現象，這就是主體從某一角度和觀察客體的視角差。一般來說，識人的角度差越小，對被識者的肯定意見就越多；反之，否定意見就越多。就目前識人過程的角度差現象，有以下幾種：

(1) 小視角思考模式。

(2) 地位層次上的差異。

(3) 工作關係上的遠近。

二、用人上的「亂點鴛鴦譜」：管理者方法問題。

古人云：「尺有所短，寸有所長，物有所不足，智有所不明。」這說明：人的知識和才幹，由於各方面因素的原因，會表現出不同的特點。管理者要善於選用人員，量才授予職責，這時，就是要了解每一個下屬的長處與短處、優點與缺點，以善其用。正如其大林所說，要了解幹部，特別細心考察每個幹部的優點和缺點，了解人才究竟在什麼職位上才能施展自己的才能，這也是管理者一項十分重要的工作。

透過這則歷史故事可以看出，管理者從考察中了解人才的真實情況，必須做到「聽其言不如觀其事，觀事不如現行」。深入實地，進行考察人才，這是管理者為企業選才最可靠的方法。

管理者在選擇人才的時候必須先觀察其品德，然後再觀察其才能。

要想準確衡量一個人才的標準可以從兩個方面著手：一方面是先觀察其知識能力；另一方面再觀察其品德修養，二者是缺一不可的。有才能而缺乏品德修養根本稱不上是人才。不但不能稱其為人才，而且還可能會給社會帶來破壞性的作用。

5. 識人的方案

任何一個組織的最大風險，是用人風險。要用人，用準人，首先必須識人。

飛利浦在選拔人才、甄別人才、發現具備發展領導潛質的人才這一方面擁有一整套完整的人才發展體系。

第一步：招募和選拔。作為一個龐大的業務集團，飛利浦所採用的招聘方式和管道是各式各樣的，從校園招聘中挖掘新人；從外部有豐富閱歷的在職人士中獵取成熟人才；以及利用內部職位輪換或晉升，利用機制來選擇適合的人到合適的職位，還有內部員工推薦，等等。

第二步：業績評估。評估的內容包括完成工作職責情況、達成業務目標情況以及個人能力等等，是一項個人綜合素養的評估。

第三步：發現優秀人才，也叫才能鑑定。即結合個人的發展需求和職業生涯發展規劃，透過一系列的專業評估方法來確定某個人是否具備發展潛質。飛利浦有完善的評估體系，包括 360 度評估、調查問卷等等。這其中，評估中心是重要的工具之一，也是飛利浦獨特的領導力發展工具。

每個被選拔出來、有望進入管理層發展的員工，都必須經過評估中心這一關的考驗。

評估中心就像一個虛擬的公司，被評估者按照要求在其中處理各種工作任務，在他周圍有眾多專家給他的工作表現打分。在這樣一個「眾目睽睽」的環境下處理工作，被評估者各方面能力孰優孰劣一看便知。飛利浦在全球設有多個評估中心，用來評估世界各地的優秀員工。員工按照不同的職位層次被送往不同級別的評估中心，亞太區的員工通常在新加坡或荷蘭接受考驗。

那麼，我們如何識別人才呢？下面五個方面值得我們重視。

(一) 從德與才的關係上識別人才

從德與才的關係上，我們可以將人才分為四類：

甲：是雙高人才，既有德又有才。這是企業的骨幹，企業的核心人才。

乙：一高一低，德不錯，就是缺才。對這類人，主要是給他機會，培養提高他的能力。

丙：一高一低，才不錯，主要是缺德。這類人比較難處理，一般有三個特點：一是極端自私，不顧道德進行貪婪掠奪；二是拉幫結夥，搞小圈子；三是對上對下兩副面孔，對同事缺乏誠實和友愛。這類人，可以說哪個公司都有。對這類人，不用，棄之可惜；用，他缺德，恐有後患。美國通用電氣公司總裁韋爾奇和美國蘋果電腦公司總裁奧米歐的共同看法是，對這類人不留。他們的理由是，因為能力強，而總不能按公司文化理念行事的人，早晚是會捅出大婁子的。

丁：雙低人才，既無德又無才，這類人不用，要逐漸淘汰。

一位企業家說，有德有才，信而用之；有德無才，幫而用之；無德有才，防而用之；無德無才，棄而用之。這話很值得我們借鑑思考。

（二）從工作能力與工作態度的關係上識別人才

從工作能力與工作態度的關係上，我們可以將人才分為四類：

甲：雙高人才，既有較強的工作能力，又有較好的工作態度。這是企業的骨幹，管理者對這類人的工作就是應當放權。

乙：一高一低，工作態度好，但工作能力弱。對這類人主要是提高他的能力，要多培訓、多訓練。

丙：一高一低，有工作能力，但工作態度差。對這類人的訓練主要是轉變工作態度。但要轉變一個人的工作態度比較難。工作態度主要是使命感、責任感、敬業愛職精神，包括紀律性、主動性、自律性、責任意識、熱愛鑽研、自我開發等。嚴格認真的工作態度是做好工作的基礎。由於工作態度是從小養成的，是個習慣問題，要有好的工作態度，必須有好的工作習慣。從現實生活中，我們可以看到，很多人的失敗，不是工作能力，而是工作態度問題。這類人的轉變，可能出現兩種情況：一種是認知到工作態度的重要性，從培養人手，養成良好的工作態度；另一種仍是麻木不仁，我行我素。

丁：雙低人才，不僅工作能力差，而且工作態度也差，這類人不能用，要逐步淘汰。人才流動，大流不行，不流也不行，要制定政策，把這類人擠出去。

日本企業家提出3：4：3用人法則，即在每10個員工中，對其中3個要不惜代價留住，4個要教育、轉化，另外3個要逐步辭退。這種用人法則很有借鑑意義，目的是在員工之間形成一種競爭向上的精神，每個人都有留的機會，又有被辭掉的危險。因此，大家都得努力做。

（三）從智商與情商的關係上識別人才

智商，主要是指智力、知識，如觀察力、記憶力、思考能力、想像力、創造力等，是運用已有知識處理自然界中的問題，是解決做事的問題。

情商，主要是指情緒的協調，如情緒的自覺、情緒的管理、駕馭自己的情緒、了解他人的情緒，建立和諧的人際關係等，是運用已有知識處理人際關係的問題，是解決做人的問題。

做事與做人相比較，做事易而做人難。

6. 選擇所需人才

一方面是招聘單位求賢若渴卻找不到需要的人才，另一方面是求職者踏破鐵鞋難覓一份稱心的工作。談及這種現象，某公司人力資源經理打了個形象的比喻：「現在社會上的單身男女很多，迫切想要成家的也很多，但仍然有很多人想結婚找不到對象，為什麼呢？很大一部分原因是雙方在選擇對象時存在一定的盲點，這一點和現在求職招聘市場的形勢很類似 —— 找工作的人成千上萬，空閒的職位到處都有，但招聘方與求職者一拍即合的卻不太多。」

為什麼「伯樂」總與「千里馬」擦肩而過？筆者認為，原因不外乎以下幾

個方面。

招聘者給求職者的感覺太隨意，致使招聘效果大打折扣。

職業化水準要提高！

招聘人員良好儀表和著裝姿態能反映一個公司、一個團體的整體水準，但現實是大多數的招聘單位都存在這樣的情況，他們缺少或根本就沒有職業化的意識，如面試官素養偏低、面試場所不整潔等等。招聘公司面試準備不足；面試官匆匆上場、面試指導表和面試評估表準備不好等都會對面試品質有不好影響。

有求職者親歷一個人才交流會，一些招聘人員舉止懶散，惡習百出，令許多應聘者側目。在近 30 個展臺裡，只有 3 個展臺的招聘人員佩戴著紅色的「招聘人員工作卡」。在「椰 X 有限公司」的展臺裡一男招聘人員悠然自得蹺著二郎腿、嘴裡哼著歌。某房地產有限公司的兩位女招聘人員更是「事務繁忙」，一位女士始終低頭用手機發簡訊，回答應聘者的問題時連頭也不抬，更別看什麼簡歷、證件了，旁邊的一位女士雖然在看應聘者的簡歷，不過也許是太累了，她採取的姿勢竟然是趴在桌子上看。

「我覺得這樣的招聘人員缺乏最起碼的素養，以前人們總是說應聘者不注重自己的儀表，現在呢？情況卻反過來了。試想，如果以後和這樣的人共事，你會覺得坦然嗎？」說到這裡，該求職者無奈的搖了搖頭。

一位求職者也深有體會：「一直說面試和就業是求職者和公司之間的雙向活動，但一看到『面試』這個詞就知道是公司在對你進行『考試』，只有公司拒絕你，沒有讓你展現身手的機會。有一次，我去一間公司面試，明明安排的時間是早上 10 點，誰想到我在那苦苦等到 11 點 30 分才見到面試我的人力資源經理，而且這位經理連一句道歉的話都沒有，就直奔主題。最後，還讓我寫一份什麼產品推廣策劃書，我交了之後，上班的事卻猶如泥牛入海。總之，那次面試給我留下的印象糟透了。」

有時，面試者會表現出對應聘者漫不經心的態度，會使應聘者感覺到自己被冷落，以至於不想積極反應。這樣，面試者就不能真正了解應聘者真正的心理素養和潛在能力，甚至使應聘者對企業的品質產生懷疑。

林先生有過一次特別際遇，他去一家外商企業面試，主考官是個外國人。他走進考場後，主考官就對他說：「謝謝你今天來參加面試，我一共問你10 個問題，請您如實回答。」10 個問題問完之後，林先生就想：終於輪到我發問了，我就問一問公司的情況吧。結果沒等他開口，那個外國主考官就對他說：「好，今天面試就到這裡，謝謝你。你出去吧！順便把第二個人給我帶進來。」林先生出了大門就想：「面試官這樣不尊重別人，是不是其他人也是這樣？是不是企業文化也是這樣呀？休想讓我到這樣的公司工作。」

在調查中發現，這樣的事情不乏其例。許多單位面試人員素養很低，給求職者留下極壞的印象，導致「姻緣」難成。

其實，招聘是一個雙向選擇的過程，而不單單是一個對應聘人員的甄選過程，特別是對知識型員工，公司招聘他們的過程也是他們在選擇公司的過程。招聘是公司與外界交往的重要窗口，特別是經常需要招納人才的公司，尤其要注意在招聘時對公司形象的宣傳。招聘人員的素養從某種程度上決定了企業選擇人才的品格。所以，為了使招聘更為科學合理，企業應該對主考官進行職業化方面的嚴格的培訓，不要因為忽略細節而一錯再錯失「良駒」。

給求職者充分展示自己的機會，全面、客觀評價求職者。

專業評估不可少！

聘用面試幾乎是所有公司錄取員工時採取的方法，它是錄取人才的一個主要環節，也是最容易出現問題的環節，以下情況也往往是公司錯失優秀人才的原因：

輕信主觀印象，匆忙下判斷。

調查表明：在對應聘者的面試過程中，面試官會經常做出一些不正常的

直覺判斷。一般而言，應聘者給予面試官的第一印象會很快在面試官心目中占據主導地位，因此，在面試一開始所暴露出來的資訊比晚些時候暴露的資訊對面試結果的影響更大。在面試開始四五分鐘後，絕大多數考官已經做出決定，而且一般不會發生變化。

有的面試考官很容易將自己的好惡和一時的直覺作為最終衡量一個人的標準。例如，看到某求職者曾在報紙上發表過一篇文章，因此便認為他公文寫作、綜合調查研究方面也必定造詣非淺。反之，看到求職者某一缺點，就認定他在別的方面也必然一般。這種效應容易使面試考官在評定求職者時犯「只見樹木不見森林，以偏概全」的錯誤。如此面試，若遇到「面試高手」，主考官很快會被對方舌燦蓮花的口才迷惑，對面試者履歷上記載的學歷、資歷等照單全收，等面試者進了公司後，才知道迎進來的是個只會說話不會做事的人；若遇到不善表達的應徵者，公司則認為他不夠精明，沒有表現力，這樣很可能失去一個優秀人才！

「面試時根本不給我機會去說，我曾在某一個房地產行銷策劃專案中有過非常優秀的表現、很好的創意和靈活的市場應變能力，當面試官看到我不起眼的相貌和身材時，他好像已經沒有特別的興趣再聽下去了。」曾參加過一個房地產公司面試的林先生無奈的說。

還有的面試者利用珍貴的面試時間拚命推銷企業的應徵職位，且不認真評估應徵者的技能。這樣，很容易因掉進片面印象的陷阱而忽視了待聘者的反應。應該適當分配面試時間，用 90 分鐘時間作詳細的傾談，其中 15% 時間用來介紹公司和職位的情況就足夠了。

面試過於泛泛，沒有考查小求職者的水準。

許多主管面試經驗不足，加上缺乏完善的準備，對將要面試的人沒有大致的了解，當遇到誇誇其談的應聘者，經常會掌握不住面試主題。最後，時間過久，匆匆憑印象決定。還有的招聘人員在提問的時候不善於引導求職

者，把他想要的資訊挖掘出來，導致面試成了閒聊。

一家製造公司的招聘經理在面試時這樣問：「如果你是一個部門的管理者，你會怎麼表現呢？如果給你龐大的壓力，你應該怎麼做呢？如果給你一個團隊，你會怎麼管理呢？」求職人說：「如果我遇到龐大的壓力，我會先冷靜思考，再分析利弊，再制定策略……。」求職者完美的答完了問題。但問的這些是不是這位應聘者要做的，這位經理沒法知道。因此，這是一個沒有意義的命題。許多主管面試經驗不足，加上缺乏完善的準備，面試人員只會浪費時間和金錢。

在面試之前，主考官最好先花個幾分鐘瀏覽一遍履歷表，即使應徵人員剛在會客室寫完應徵函或個人履歷，都應先大致看過，然後才能構思問題。

企業和應聘者都要正確認識自身，在這方面，企業應制定合理的用人要求。

雇傭機制很重要！

調查的最終結果表示：招聘方和應聘者的期望值不一致是導致公司和求職者最終分道揚鑣的主要原因。其中，薪酬、發展空間和理念，這三方面是企業與求職者之間矛盾最突出的地方。

這其中，薪酬仍然是第一位的，毫無疑問，求職者和企業在這方面的矛盾也是最激烈的。某製造企業的人力資源總監如是說：「結合我們公司的實際狀況，招不到合適人才的最主要原因還是應聘者不能正確認識自己，明明只有做基層員工的條件，卻偏偏要主管級的待遇，而且應聘者中綜合素養與要求符合的很少。」

在企業抱怨求職者將錢看得過重的同時，應聘者也有自己的一套說法：「我覺得現在的公司對員工的短期期望值偏高，都太講究實效‧許多企業對招聘人才的專業性要求非常嚴格，但是開的薪水卻低得可憐。『又想馬兒跑，又想馬兒不吃草』的現象不少，企業總夢想用最少的代價聘到最優秀的人

才，自然會使雙方的矛盾加深。」

「還有一方面，現在大多數企業的心態是找的是來工作，而不是一起拚事業的。聽上去好像沒什麼不同，但實際上是差之毫釐，謬之千里。公司抱著一種『我是讓你來工作的，你不過是我創造利潤的一種工具，所以，你做的越多，拿的越少，我越滿意。』的態度。而求職者也抱著工作說得過去就行，何必那麼認真，你給我付出多少，我就給你付出多少的想法。這樣就形成了惡性循環。其實，如果企業能做到像找合作夥伴一樣真誠的心態去找員工，關心他們的發展，從他們的角度考慮，才能真正吸引到人才。否則，即使是找到一兩個好的人才，很快也會飛去更高的高枝的。」

而發展空間和機會次之。做獵頭工作的嚴先生分析道：「現在求職者個人對企業的期望不是短線的。公司的背景、產品線、發展前景甚至競爭對手是誰都是他們考慮在內的因素。例如某家公司的產品線太簡單了，將來就會越來越窄，他們會擔心這樣會使得他以後就業的路越來越窄，所以就不願考慮這樣的公司；如果公司的競爭對手太強大，他又會想，如果做不出好的業績，會影響我將來換工作。他們都希望這份工作在他們離開時有一個很好的經歷，作為將來求職的資本·除了薪水，他們需要的是一種長期的吸引。這也是許多人找名牌公司的原因 —— 為了給自己好的背景。」

至於企業文化、理念和價值觀的不一致，也是比較突出的問題，更不是一件容易解決的事。

總之，作為矛盾的對立面，企業和求職者存在分歧是必然的，關鍵是怎樣調和彼此的關係，平衡彼此的利益。企業和個人互相責怪是沒有用的，無助於解決問題，每個企業或求職者能改變的只是自己。是否也該反思一下：「我對對方提出的要求與我能為對方提供的條件相匹配嗎？」、「我對對方的期望現實嗎？」

所以，從企業方面說，如果受預算的硬約束，無法提供非常有競爭力的

薪水，那麼企業也可以試著透過其他軟性的東西來彌補一些心理的差距。包括對求職者給予充分的尊重、配置在適合的職位、培育良好的企業文化等等。而求職者也應該擺正自己的心態，將眼光放長遠些，把自己的職業發展與企業的命運緊密結合在一起，努力提高自己的附加價值，使自己更加具有競爭力。如果招聘中雙方能夠平等設身處地的進行交流、溝通、理解和合作。不僅僅是各方為了實現自己單方的目的而採取單方的行為，透過合作，努力實現雙方的目標。這樣，招聘方會更容易找到合適的人，應聘方也更容易找到合適的職位。

7. 吸納天才，敢用奇才

　　一個企業要想在激烈的市場競爭中立於不敗之地，那麼必定要在創新中求發展，在發展中求生存。而生存的關鍵在於人才的選用與培養:吸納天才，敢用奇才。三星集團在人才選用這方面可以堪稱典範。

　　被譽為全球第一職業經理人的傑克・韋爾奇在參觀完三星設在韓國的人力開發院之後感慨:三星已經走在了人才培養的前面。

　　李相鉉曾說:「雖然很多人想了解關於三星的業績「三級跳」之謎，但我們更願意與大眾分享包括人才策略在內的三星成功的經驗。」

(一) 吸納天才是首要任務

　　三星的「人才經營」新策略是:注重吸納「天才」;善用「個性」人才;敢用奇才，怪才。掌握「天才」或「天才級人才」是人才策略的首位。三星目前已擁有不少具有世界一流技術水準的「準天才」級人才和一大批企業首腦、技術專家和專業經營者，正是這些人才支撐起了三星的大廈。三星物產株式會社人事經理金素英說:「申請人越來越熱切的希望加入三星。」當然，她只能挑選申請者中最優秀的人員，因此她不得不拒絕很多有天賦的應聘者，這

的確是一件困難的事情。

(二)「個性」人才擔當大任

另外，善用「個性」人才。所謂個性人才就是整體看起來不算十分優秀，但在特定方面興趣濃厚，才能超人，能夠在所在領域獨樹一幟的人。這樣的人通常不合群，在組織內部協調共事方面存在缺陷，令許多企業經營者對其不喜歡、不愛用。但三星認為，「個性」人才對事業極為執著，有望成為特定領域的專家。一旦揚長避短，便可擔當大任。

(三)不同部門大膽任用怪才

此外，敢用奇才、怪才，按照李相鉉的說法，三星一直堅持在不同部門大膽任用多種類型的人才，甚至曾經做過電腦駭客的程式高手也因為技術出眾而被聘請進公司從事開發工作。1999年，正當風險投資悄然興起時，當時所屬三星電子軟體俱樂部聘請的「軟體大玩家們」的薪水達到了2億元。這些軟體方面的專家們並不像人們想像得那樣來自名牌大學，其實他們絕大部分都沒有接受過正規的大學教育。他們靠在電子一條街做點組裝電腦、程式設計等副業打「野戰」居然漸漸打出了名氣，有些甚至成為「駭客」或程式設計高手。

「有個詞我非常欣賞，叫做『有容乃大』，三星便是一家包容性非常強的公司。」對亞洲文化了解頗深的李相鉉如是說。

事實上，三星公司中，很多高層管理人員在學校中學的專業和最初進入的領域，與他們現在的職位並不一樣。但是，卻在公司中得到了新的位置和更好的發揮。

三星電子（北美）市場行銷策略高級副總裁彼得：「維法德年輕時是一個音樂廳的鋼琴師。他目前仍然喜歡彈奏鋼琴，不過他在三星的職位不再是一個獨奏者，相反，他領導著一批天才員工，在三星電子（北美）進行廣泛的

市場拓展策略。」

（四）公益活動成員工必修課程

「三星管理者的長期目標是要使三星成為世界上最受尊敬的企業之一。」李相鉉說。據了解，在三星內部，員工合理的職業規劃，公正的評價體系使三星成為最受雇員歡迎和嚮往的公司之一。在公司外部，三星則本著「善待周圍的人們，融入當地的文化」這一核心思想，透過很多助學、捐贈和其他活動來表達三星對社會的赤誠之心。如今，公益活動已經被列為三星新員工人們培訓的必修「課程」。

2004 年春天，有兩件事最令三星集團得意：2003 年三星部分地區銷售額已經達到近 94 億美元，每年的成長率幾乎達到了 100%；三星電子在剛剛出爐的 2004 年美國在《財富》雜誌「世界員受尊敬企業」電子行業的排名榜上躍居第四位。

三星集團之所以能夠取取得如此輝煌的業績，得益於成功的人才經策略營。尤其是天才、奇才的運用，為企業的創新與發展奠定穩固的基礎。

8. 擇「三心」英才

所謂「三心」，即熱心、慧心、苦心。一個人如果具備熱心、慧心、苦心的稟賦，並把「三心」有機的統一起來，就能把自己的主動性、積極性、創造性充分的展現出來，從而對事業產生強勁的推動力、影響力。

微軟在招聘人才、使用人才時特別青睞「三心」人才。一是熱心的人。對公司充滿感情，對工作充滿激情，對同事充滿友情；能夠獨立工作，有許多新奇想法，又與公司整體利益、長遠利益為重；視公司為家，和同事團結合作、榮辱與共。二足慧心的人。腦子靈活，行動敏捷，能夠對形勢準確把握，從容應對，盡快適應；在短期內學會、掌握所需的知識和技能。三是苦

心的人。工作非常努力、勤奮，吃得了苦。

微軟的用人觀別具一格，展現出自己的個性。實踐也充分證明，微軟能成為時下全球 IT 界乃至經濟界的領頭羊，與其籠絡的大批「三心」人才密不可分。他們的和諧、勤奮而有創造性的工作推動微軟不斷開創新的經營高點。

在微軟，人們看不到不努力的人。到晚上八九點鐘，辦公室的人最多最繁忙。銷售人員白天拜訪客戶，晚上立即回來趕報告，還有一些部門開會、聽總結也在辦公室裡進行。在微軟沒有一個經理要求員工加班，但是因為員工很有激情，並能從工作中得到無窮樂趣，又希望工作能夠做到完美的狀態，所以自然會刻苦工作

一個人擁有熱誠，即使他在這個行業涉獵不深或者根本就是一無所知，年紀也非常輕，甚至沒有工作經歷，但他對事業表現出濃厚的興趣，肯鑽願學，並啟發一切積極因素，多謀善斷，新奇的點子層出不窮，只要企業為其創造一個寬鬆的能激發人力潛能、容忍合理失敗的環境和機會，他無疑能夠脫穎而出，走向成功。同時，熱誠也能促進團結，全員拚事業的向心力依賴一批批熱誠的員工。團結是鐵，團結是鋼，是支撐企業大廈的堅強支柱。可以說，熱誠奠定了事業成功的先決條件。

光有熱誠，光有新奇的想法，光靠團結合作，但缺乏慧心，他就不能從各式各樣的想法中甄選出最佳方案，從而不能成功或不易成功。不合理的失敗不僅無補於事業，甚至反過來損害事業，慧心也是適應市場競爭形勢的必然要求。企業界的競爭波詭雲譎，快速應變不僅是企業搏擊市場所必須具備的素養，也是每個員工所必須具備的重要稟賦。聰明人反應快，能夠及時對市場做出最有效的應變。

而苦心則是事業成功的「槳」和「帆」，成就一番事業並非反掌易事，要在既定的合理的目標引領下，靠鍥而不捨的精神，靠只爭朝夕的銳氣，才有

望到達成功的彼岸。苦心也是使事業增加完美度的必由之路，永不停止、永不滿足，工作才能越做越好，事業才會越來越輝煌。

在當今時代，企業應是學習型的組織，員工應是學習型的人才。熱誠的人願學、慧心的人會學、苦心的人勤學，由此，新東西很容易入眼入耳人腦入心，化為實踐的指南，成功就在充分的把握之中。

9. 選好人才能用好人

人才是寶貴的資源。一切問題，歸根究柢，都可以歸為是人的問題。若能選拔一個有潔癖的人做清潔工，比找一個普通人透過培訓、考核、監督等制度管理要強很多，足以說明選人的重要性。這要求管理者要有識別人的能力。識別人不僅僅只是看一盆鮮花美麗的花朵的部分，還要看這個人的學歷、能力、資歷，也就是看它的枝葉、它的根，更要看重這個人的潛在素養。個人的潛在素養往往能決定他的工作態度、工作熱情和工作績效。有一個企業家說：「在重要的職位上選錯一個人，與選錯了配偶一樣叫人後悔不迭。」任人唯親，不能廣納人才，擇優錄取，這種現象在很多管理者身上還不同程度的存在，這是作為一個優秀的管理者的大忌。這樣做會無法建設良好的企業文化，凝聚團隊力量。

選人是企業運作的根本所在，選人是管理者的基本職責。作為現代企業人力資源管理，人才的選拔應遵循以下五項原則。

(1) 堅持「德才兼備」的原則

人才的選拔必須把品德、能力、學歷和經驗作為主要依據，從態度著眼、能力著手、績效著陸；在細節方面發現，從大事方面把握，爭取開發和培養「德才兼備」的能人。

(2) 堅持高度重視的原則

企業的主管管理者要把人才問題當成一種策略來考慮，授權人力資源管理部門成立由高層管理人員、企業專才和技術人員代表組成的專門評選機構，根據企業發展的需要，制定出嚴格的評選標準和要求，由人力資源部具體負責，嚴格按照程序來執行。

(3) 堅持多管道選拔人才的原則

資訊時代的到來給企業人才的選拔提供了更為廣闊的空間，企業的人力資源管理部門可以按照自己的實際需要，透過人才市場、報刊廣告、網路、獵頭公司、熟人介紹等多種有效的人才招聘管道，招聘到自己需要的人才。

(4) 堅持運用科學測評手段選拔人才的原則

科學技術的進步推動了人力資源管理的科學性，透過利用科學的測評手段，如專門測評軟體、面試、筆試、辯論等，了解人員的素養結構、能力特徵和職業適應性，為量才用人、視人授權提供可靠的依據。為了實現原則規範，細則靈活。人力資源管理者可以採用「走動式管理」模式，這種模式可以協助管理人員事先客觀了解企業員工的各個方面，為選拔人才的公正性提供事實依據，不拘一格使用人才。

(5) 堅持按工作性質和職位特點選拔人才的原則

最重要的是處理好企業的人力資源規劃，弄清楚企業各職位人員的現狀、需求狀況和具體要求，針對職位特點和工作性質的需要而進行人才選拔。要做到職位有所需、人有所值。

第六章
以人為本，爭人才比爭什麼都重要

　　一個管理者最大的本事，不是自己有多少學問，而是會用人。越有本事的人越要用，越要用能人。否則，就算做主管的生出三頭六臂來，又怎麼能做完一個公司所有的事呢？

1. 人才是競爭的關鍵

　　現代商業的競爭，無論是技術競爭、市場競爭、資訊競爭、資源競爭，說到底也都是人才的競爭。要想在激烈的市場競爭中求生存、圖發展，廣泛的擁有各方面的人才是至關重要的。人才問題不僅關係到一個企業、一個部門的生存發展，也關係到一個國家的盛衰存亡。史達林曾經說過：「人才，幹部是世界上所有寶貴的資本中最有決定意義的資本。」一個時期以來，流行這樣一個口號：「時間就是金錢，效率就是生命，資訊就是資源，人才就是資本。」1930 年初，美國深感知識、人才的重要，除在本國加速人才培養外，還大量的從國外引進科技人才。

　　這些人才對美國的科技和經濟的發展起了決定性的作用，最終使美國成為世界頭號經濟強國。第二次世大戰後，日本能夠在一片廢墟上使經濟迅速騰飛，重要的原因就是自明治維新開始就重視人才的培養。實踐證明凡是在競爭中立於不敗之地的企業，肯定都擁有一批出色的技術和管理人才。因此，現代經營者必須有強烈的求才欲望。

　　從另一方面講，所謂人才，是指依靠創造性勞動做出較大貢獻或具有較大貢獻「潛力」的人，是人群中的精華。這樣的人自然不多，往往淹沒在廣

大的人群之中，發現並不容易。特別是在現代化大生產條件下，社會分工精細，許多人才往往潛心於研究、讀書，不善於交往，不引人注意。一部分人才特別是知識造詣很深的人，不喜歡拋頭露面，炫耀自己，相當一部分人才恃才傲物，不輕易符合，不趨炎附勢，甚至對經營者敬而遠之。上述的各種表現確實是不可避免的客觀存在，因此經營者若不進行深入調查、求訪，人才是不會輕易被發現的。

人才資源是使公司能有效運轉的最關鍵的因素，是公司重要的資產，他們是公司最重要的組成部分。關心他們，愛護他們，尊重他們是商業管理的重要部分。只有他們得到了保障才會全心的投入到工作中去。現代經營者得益於賢才，使事業獲得成功的事例是很多的。可口可樂公司就是其中的一例：

可口可樂稱雄於世界軟飲料的歷史已達上百年之久。現在，每年銷售達 300 多萬瓶，年銷售額近百億美元，總公司僅控制 0.31% 的原汁專利權，每年的收入在 9 億美元以上，它暢銷世界 100 多個國家和地區，成為美國文化、美國精神的象徵，在世界各地的眾多媒體的評選和對消費者調查中，連續多年被評為世界第一知名品牌。難怪可口可樂的老闆曾經誇下海口：就算有一天，可口可樂的廠房、機器設備化為灰燼，公司也沒有一分錢了。但是，可口可樂會很快在這片廢墟上重新崛起，因為他們有可口可樂這一無形資產做後盾。

在可口可樂公司成功的眾多理由中，善於選拔人才、利用人才是其中的重要原因之一。

可口可樂成為美國第一大飲料品牌之後，一直受到來自各方面，特別是競爭對手的競爭壓力和挑戰。1970 年以來，飲料王國的後起之秀百事可樂逐漸成長壯大，成為可口可樂公司的強勁的對手，一時間可口可樂的處境非常困難。

為了擺脫這種困境，董事長羅伯特‧戈伊埃塔採取了多項改革措施，其

中一項就是人事改革制度。

　　羅伯特 · 戈伊埃塔就任董事長之後，他首先對可口可樂總部的高層老闆集團進行了大膽的改組，減少了人數，調出一些表現平庸，缺少創見的高層管理人員，並從中層的經理中挑選出一些年輕幹練、心思敏銳、有魄力的人，調到總部來，成為核心層的經營者和組織者。在選拔這些人才時，他特別重視尋找一些能夠拓展海外市場和業務的骨幹，使老闆層更富於國際化。

　　埃及出生的阿尤布、德國人哈勒、阿根廷人布里安 · 戴森都是在這次調整中新吸收進來的。

　　羅伯特 · 戈伊埃塔的人才選擇和調整策略效果十分明顯，這些人進入集團之後提出改革本公司原來的行銷策略，建議把直銷法改為分散銷售法，這種方法是把長期沿用的由本公司推銷人員直接銷售，改為將可口可樂原汁交給全國各地或國外代理商，由代理商在當地加水、糖等配成可口可樂後進行批發零售。

　　直銷法在可口可樂初創時期具有一定的意義，但隨著社會的發展，競爭的加劇，這種推銷方法已顯得落伍。改用分散銷售法後，當地人獲得了好處，對擴大銷售也很有利，同時，又可以節省大量的運費和儲存費，使得成本大大降低，有利於競爭力的提高。

　　自從可口可樂採取了這一行銷策略之後，不但在國內擴大了銷售，而且迅速擴展到世界各地，到目前為止，可口可樂公司的營業額收入有 65% 來自海外。

　　可口可樂公司在戈伊埃塔的主持下紀律嚴明，員工工作認真負責，任何人在工作中表現不佳，都會被處分、直至開除。因為產品的特殊性，該公司規定，在夏季員工不准休假，因為夏季是飲料的最佳銷售季節。在此同時，公司還特別關心員工的生活，增加員工的薪酬，對表現好、貢獻大的員工給予獎勵和晉升，從而激發起大家努力為公司工作的熱情。在戈伊埃塔的管理

下，可口可樂公司很快克服了困難，步上發展的正軌。

人才是企業的命脈。企業間的競爭，從本質上說，是人才的競爭。選拔人才、使用人才是企業經營者最重要的大事之一，它關係到企業的興衰勝敗。戈伊埃塔深明大義，以選好人才，管好員工為核心工作，從而帶動了全公司的各項工作的發展。

2. 大材大用，小材小用

人的能力是不盡相同的，有大有小。用人之前的比較考核是非常有必要的。只有透過比較才知道差距，只有知差距，對人事安排才能到位。用人最忌諱的是本末顛倒，要麼大材小用，要麼小材大用。

經營者要善於分清主次，分清主流和支流，大膽啟用人才中的拔尖者。用人還應有差別之分。什麼樣的人才，做什麼類型的事，千萬不可張冠李戴。懂管理的將他請進辦公室，懂生產的將他請上流水線。只有做到各就其位，各謀其職，公司的各項工作才會有條不紊的展開，人才也不至於被埋沒。

李嘉誠深知用人之道，他覺得一個企業的發展，需要不同的管理人才，這不僅是企業自身發展的要求，也是順應時代發展而必須具備的明智決策。因此，他大膽用年輕有為的專業人才，為集團注入新的活力。

一家評論雜誌曾這樣寫道：「李嘉誠組成的內閣，既結合了老、中、青的優點，又兼備中、·西方色彩，是一個行之有效的合作模式。」

霍建寧，畢業於香港大學，自 1979 年從美國留學歸來後，就進入了長江集團，出任會計主任。他具有傑出的金融頭腦和非凡的分析能力，曾參與決策和策劃了長江實業的許多重大投資安排，以及股票發行、銀行貸款和債務券兌換等等。

洪小蓮，1960 年代末就開始作李嘉誠的祕書，在長江實業效力 20 多年了。她是澈底的務實派，在公司全面負責住宅物業銷售工作，整個集團的大半業務往往都要向她匯報。

鍾慎強，英國人，畢業於劍橋大學經濟系，1979 年加入長江實業擔任執行董事，1980 年升任集團副主席，同時兼任和記黃埔及香港電燈集團副主席。

馬世民，英國人，他以其聰明能幹的管理之才為李嘉誠成功出使「西域」，為長江集團開闢海外市場立下了汗馬功勞。

李嘉誠曾生動的說：「知人善任，大多數人都會有部分長處，部分的短處，好像大象食量以斗計，而螞蟻一小勺便足夠。各盡所能，各得所需，以量材而用為原則。

選擇合適的人才，怎樣使人才全面的發揮出來，就要根據企業的自身的情況而言。透過各種途徑網羅人才。在這方面，微軟公司就為我們樹立了典範。

在微軟公司剛成立初期，比爾蓋茲、保羅 · 艾倫以及其他的高級技術人員親自對每一位候選人進行面試。現在，微軟用同樣的辦法招聘程式經理、軟體發展員、測試工程師、產品經理、客戶支援工程師和使用者培訓人員。微軟公司每年為招聘人才大約走訪了 50 多所美國大學。招聘人員既去名牌大學，同時也留心地方院校以及國外學校。

1991 年，微軟公司人事部成員為了僱用 2000 名職員，走訪了 137 所大學，查閱了 12 萬份履歷，7400 人參加考試。年輕人在進入，微軟公司工作之前，在校園內就要經過反覆的考核。他們要花費一天的時間，接受至少四位來自不同部門職員的面試。而且在下一輪面試開始之前，前面一位主試人會把應試者的詳細情況和建議透過電子通訊方式傳給下一位主試人。有希望的候選人還要回到微軟公司總部進行複試。微軟公司透過這些手段，網羅了

許多全國技術、市場和管理方面最優秀的年輕人才，為微軟贏來了很高的聲譽，在各大學裡樹立了良好的形象。

　　微軟公司總部的面試工作全部由產品職能部門的人員承擔，開發員承擔招收開發員的面試工作，測試員就承擔招收測試員的全部面試工作，以此類推。面試交談的目的，在於抽象判定一個人的智力水準，而不僅僅在看候選人知道多少編碼或測試的知識，或者有沒有市場行銷的特殊專長。微軟面試中有不少有名的問題。比如，求職者會被問及美國有多少個加油站。求職者毋須說出數字，但只要想到美國有上千萬人口，每四個人有一輛汽車，每 500 輛車有一個加油站，他就會推知大約有 125000 個加油站。估計出美國加油站的數目，被面試者的答案通常不重要，而看重的是他們分析問題的方法。更為具體的講，總部層次的招聘是透過「讓各部門專家自行定義其技術專長並負責人員招聘」的方法來進行。例如程式部門中經驗豐富的程式經理，就從以下兩個方面來定義合格的程式經理人選：一方面，他們要完全熱衷於製造軟體產品，一般應具有設計方面強烈的興趣，以及電腦程式設計的專業知識，或熟悉電腦程式設計；另一方面，他們能專心致志的自始至終的注意產品製造整個過程，他們總是善於從所有想到的方面來考慮存在的問題，並且幫助別人從他們沒有想到的角度來考慮問題。又如對於開發員的招聘，經驗豐富的開發員尋找那些熟練 C 語言程式師，同時還要求候選人不僅具備一般邏輯能力，同時還要能夠在龐大的壓力之下仍然保持良好的工作狀態。

　　在對每一位被面試者做出嚴格要求的同時，微軟還要求每一位面試者準備一份候選人的書面評估報告。由於有許多人會閱讀這些報告，所以面試者常常感到來自同事間很強大的壓力，他們必須對每一個候選人做一次澈底的面試，並寫出一份詳細優質的書面報告。這樣，能透過最後篩選的人員相對就比較少。例如在大學招收開發人員時，微軟通常僅僅選其中 10% 至 15%

去複試，最後僅僱用複試人員的2%至3%。正是這樣一套嚴格的篩選程序，使得微軟集中了比世界任何地方都要多的高級電腦人才，他們以其才智、技能和商業頭腦聞名，也是公司長足發展的原動力。

古人說過：「熟識韜略者，讓他運籌帷幄，勇猛無畏者，讓他持刀殺敵，位能匹配，相得益彰。」唯才是舉，為選拔人才的一個標準，有才就有能，不管出身窮富，不管門第高低，不管名聲如何，不求十全十美。

3. 得人心者的天下財

人是一種高級動物，有理性、有情感、有才幹的人又是人類中的優秀分子。求才的目的是為了用才，但唯有服其心，才能使之心甘情願的發揮所長。古今中外的經營者，不僅以「得人」為己任，更把「服人」當做人才使用的關鍵環節。發現和網羅人才是件難事，使人才肝腦塗地、盡心竭力更不容易。由於經營者的觀念及由此支配的作風不同，在如何「服人」的問題上，也會有各種不同的做法。歸結起來，大體有三：

第一，以力服人

目前，有些經營者錯誤的認為，下屬天生具有惰性，厭惡工作，只能採用高壓手段，管、卡、壓、罰的辦法比什麼都管用，在實際工作中濫行專制式的管理。實際上是把下屬只當做會說話的工具，這與「尊重人，相信人」的現代管理思維相去甚遠。這種做法，下屬即使服從也是違心的。在科學民主思維日益深入人心的現代社會，尤其難以收到良好的管理效果。

第二，恩威並施

一些現代經營者，為實施更為有效的管理，在對待下屬的問題上採取寬嚴相濟、恩威兼施的方法。美國國際航空公司董事長兼總裁卡爾森，就大力主張對下屬採用「恩威兼施」的做法：隨和而不過於親密；嚴格但態度溫和；

關心而不庇護。恩威俱全，以恩為主，他把員工當做夥伴而不是雇員。

第三，以理服人，以情感人

西方管理學界，特別強調尊重人的尊嚴，尊重人格，把下屬當做提高生產率的最重要財富，因而特別注重感情投資。尼克森說過：「人民是聽從道理的，但又為感情所驅動；作為一個領袖必須既以理服人，又要以情動人。」

上述三種「服人」的方式，有著明顯的優劣之分。以力服人，難以服心，而且與當今的時代精神相悖，應該澈底摒棄。以理服人，以情感人是反映時代潮流的一種方式，但它的應用範圍比較狹窄，只適用於知識豐富、能力強、素養好的少數下屬。比較起來，還是恩威並施的方式比較好，它可以成為現代經營者的基本做法。

在現代商業管理中，對待職員也需要用方法籠絡住他們的心，如果說這也是老闆的別有用心，那就是告訴職員要忠於企業，為發展企業做些貢獻。員工的忠誠和積極性是企業生存和發展的關鍵，它是凝聚於整個企業組織的粘合劑，使企業得以贏得員工的信任。所以企業的老闆一定要拿出籠絡之方，關心每一位員工，關心的動作勿需太大，從一件小事開始就行。

「你真的找到最好的醫生了？如果有問題，我可以向你推薦這裡看這種病的醫生。」

這是誰在說話？

這是誰在跟什麼人說話？

這是 Motorola 總裁保羅·高爾文在對員工們表達他的關懷和愛護。

只要高爾文聽到公司哪位員工或其家人生病時，他就打電話這樣詢問：「你真的找到最好的醫生了？」

由於他的努力，許多人請不來的專家被他請來了。而且在這種情況下，醫生的帳單可直接交給他。

在經濟不景氣的年代，工人們最怕失業。為了保住飯碗，他們最怕生病，尤其怕被老闆知道。比爾‧阿諾斯是一位採購員，他現在的兩個擔心都發生了。他的牙病非常嚴重，不得已，只有放下要緊的工作，因為他實在無力去做了。而且，他的病還被高爾文知道了。

高爾文看到他痛苦不堪的樣子，非常心疼：

「你馬上去看病。不要想工作的事，你的事我來想好了。」

比爾‧阿諾斯做了手術，但他從未見到過帳單。他知道是高爾文替他出的手術費用。他多次向高爾文詢問，得到直截了當的回答是：

「我會讓你知道的。」

阿諾斯的手術很成功，他知道憑自己的普通收入是難以承受手術費的。

阿諾斯勤奮工作，幾年後，他的生活大有改善。一次，他找到高爾文。

「我一定要償還您代我支付的那個帳單的錢。」

「你呀，不必這麼關心這件事。忘了吧！好好工作。」

網諾斯說：「我會做得很出色的。但我不是要還您錢……是為了使您能幫助其他員工醫好牙病……當然還有別的什麼病。」

高爾文說：「謝謝，我先代他們向你表示感謝！」告訴大家，阿諾斯的手術費是 200 美元，這對高爾文來說是一個小數目，可是這 200 美元代表的價值是對人的關懷和尊重，買下了一個人的心靈。

北宋文學家蘇洵在他的《心述》中有這樣的話：「為將之道，當先治心。」在商業管理中，我們可以把它變成「用人之道，當先得心」。企業的經營者要善於與員工溝通，才能有效激發員工的積極性。要想真正得到一個人的忠誠與歸順，必須從情感和良知上征服他。讓他懼怕你，這只是短時之功，而讓人感激你則為永久之功。

4. 用重金「買」能人

在市場經濟形勢下，越是高層次的人才就越需投入大的資本。一些企業管理者雖然也渴求人才，但卻不願意支付較高的薪酬；而且，他們也會自我安慰說，沒有那麼高素養的人才，企業還不是照樣運轉和經營？其實他們沒有意識到高素養人才的潛在價值。這樣，他們在激烈的尋才「大戰」中往往難以吸引真正的「千里馬」；即使尋到了稱心的「千里馬」，不捨得上等的「草料」也還是難以留住他，時間不長，「千里馬」就會跳槽而去。

也許有人認為這種用重金「買」來的人才不可靠，而且代價也大。很明顯，這樣的理念已經不適應今天的競爭需求了。現代市場經濟中重金聘人才是最直接、最便利的得到人才的辦法，美國搶奪人才最有力的方法就是給予人才豐厚的報酬，所以美國擁有強大的科學研究開發能力。不可否認，用重金「買」人才雖然只是用利益來引誘人才流動，但更重要的是這能讓人才感到你重視他的作用，覺得他的價值大，他由此也會從利益的另一端出發去思考問題，會對重視他的公司產生趨近的意識。只要在以後的日子裡繼續注重尊重人才、愛護人才，這種重金「買」來的人才同樣是很可靠的。

管理者在具體實施引進關鍵的高級人才時，要注意以下幾個方面：

(1) 確保所聘人員是公司真正急需的高級人才。倘若公司支付重金聘到的員工能力不足，無法為公司發展貢獻力量，難以勝任所擔任的職位，那麼公司將為此付出沉重的代價。

因此，在做出重大決策之前，一定要考慮清楚，公司需要哪方面的人才，所聘用的人員是否具備這方面的素養。這要求分析公司的現狀，以及該人員的詳細的工作經歷與業績，透過對比分析，決定是否應該聘用。

(2) 要量力而行。你應該清楚，聘用高級人才將大大增加公司的人工成

本，如果沒有足夠的資金支援的話，高額的人工成本將加重公司的
負擔。因為公司經營狀況的好轉、獲利的增加畢竟有一個過程，如
果在這個過程未結束時公司已經無法負擔人工成本，那麼只能使公
司的狀況變得更壞。而推遲或降低薪酬水準，更會引起員工的不
滿，便士氣降低。因此，在決定以高薪聘用人才時要先衡量一下公
司的資金情況。

(3) 對所聘人才要給予充分的信任，並為其提供用武之地。高薪聘得人
才後，要充分發揮其「外來優勢」，為其提供必要的條件，使他能夠
施展才華為企業的發展開拓更廣闊的天地。

(4) 對象務必看準。在人才競爭日趨激烈的今天，難免會有一些徒有虛
名的庸夫，因此，必須對其作一番認真考察。

5. 一口吃不成胖子

俗話說：「心急吃不了熱豆腐。」當一個人失去耐心的時候，同時也失去
了清醒的頭腦，也就不能冷靜的分析事情。

葛亮舌戰群儒時，曾經向張昭打過這樣一個比方：「譬如人染沉屙當先用
糜粥飲之，和藥以服之。待其腑臟調和，形體漸安，然後用肉食以補之，猛
藥以治之，則病根盡去，人得全生也。若不待氣脈和緩，便投以猛藥厚味，
欲求安保，誠為難矣。」這番話形象的說明，解決問題需要耐心。世間萬事
萬物的運動都有其特定的規律，任何問題的解決都須具備成熟的條件。條件
沒成熟，耐不住性子，急於採取行動，問題是解絕不了的，因而凡事要有耐
心。特別是那些複雜而又棘手的事情，往往是憑耐心才能辦得成，沒有耐心
就辦不成。現代管理工作頭緒紛繁，情況多變，因而更需要耐心。管理者這
把交椅，性情急躁者是坐不住的。

決策之先，必須將情況摸清楚，也就是獲取全面而真實的資訊。為此，管理者有必要經常深入實際調查研究。調查研究是一種艱辛細緻的工作，調查研究要做到仔細深入，需要有極大的耐心，否則得不到全面真實的資訊。

管理的核心是決策，決策的失誤是最大的失誤。有些事情需要緊急決策，有些事情卻需要時間，著急不得。精細的思考，仔細的權衡需要耐心：反覆探討協商，需要耐心：多方徵求意見需要耐心；等待專家論證結果，需要耐心：比較各種方案，選優汰劣，需要耐心。如果沒有耐心，頭腦一熱就急於拍板，有可能違背客觀規律，造成決策的重大失誤。

美國南北戰爭期間，林肯總統重用格蘭特將軍，1862 年秋至 1863 年 7 月，格蘭特對於駐守維克斯堡的敵軍實行長期圍困的戰術。對於格蘭特本人來說，需要耐心等待敵人投降，而林肯總統付出了極大的耐心。一個月過去了，又一個月過去了，格蘭特還沒有解決維克斯堡的敵人，其他戰場又分外吃緊。敦促林肯撤換格蘭特的信件雪片一般飛向白宮，請求林肯罷免格蘭特的來訪者川流不息。林肯承受著來自各方的龐大壓力，然而這位總統始終堅持把格蘭特留在指揮職位子。最終，維可斯堡內的三萬多敵軍山窮水盡，全部投降。這是南北戰爭開戰以來，北方聯邦政府所取得的最大戰果，整個戰局出現了有利於北方的轉折。這個例子告訴我們：用人也需要耐心。實施決策沒有耐心也不行。往往有這種情況，事情的發展，不以管理者的意志為轉移，未曾料到的情況會一個接一個的出現。為了實現既定目標，管理者必須耐著性子，應伺變化了的情況。一旦失去耐心，就會使目標落空。良好的人際關係，是管理者順利工作的重要前提。急躁的管理者，是無法建立良好的人際關係的。思考工作缺乏耐心不行，使下屬對自己產生發自內心的敬佩感、信賴感沒有耐心不行，調解下屬糾紛沒有耐心不行，消除下級對自己的誤解沒有耐心也不行。像張飛那樣的急性子，下屬稍不如意就綁起來打一頓，是很難做到同心同德的。

　　管理者的活動範圍往往不局限於組織內部，對外交往是免不了的，這也需要耐心。如果坐在談判桌前的管理者耐不住性子，總想讓人家服從自己的意願，甚發脾氣、使性子，必然造成僵局，使自己處於尷尬境地。

　　怎樣使自己變得耐心一點，在緊張的情況下保持心平氣和呢？也就是說在不同環境下怎樣消除煩惱的情緒，至少對它有所控制呢？

　　急性子的人大都不願意浪費時間，因此他們把時間安排得很緊，工作中的時間都安排

　　得恰好，不容許有什麼延誤或出什麼差錯。不過，要想萬無一失，最好還是留有一定的餘地，你所參加的約會越重要，預留的時間就應越充裕。如果是一場必不可誤的約會，那就應該留出大量的時間作迴旋的餘地。

　　你如果感到十分煩躁，無法理清思緒，請運用你的想像力，努力使自己深深的潛入一個寧靜的身心環境，進入一個穩定、美妙的境地。一位朋友說：「當我感到思緒紛亂的時候，我就努力想像小河岸邊那寧靜的風景勝地，它常使我的緊張和煩躁情緒消退許多。」克服急躁，保持心平氣和的方法之一是經常檢查自己是否常犯這種毛病。如果你的急躁情緒僅屬偶然，你的煩惱便自會消除。但如果你總是怒火中燒，粗魯無禮，那就應該意識到你對自己是看得過重了，以至於對任何人或任何事都不願等待。

　　幽默有時也能幫助你保持心平氣和，想方設法將難堪的場面化為幽默的故事，以便使對方感到有趣可笑，努力使自己成為一個觀察力敏銳的人，因為這樣有助於你抵制急躁情緒的產生。

　　做事要有耐心，一口是吃不成胖子的，應從實際出發，一點一滴做起，不能抱有一蹴而就的幻想，正所謂「不積跬步無以至千里，不積小流無以成江海」。

6. 海納百川，有容乃大

要做事，首先要有容人的胸懷，正所謂海納百川，有容乃大。在企業裡，必須讓員工說話，不論他們說的正確與否。容人還表現在不記仇怨上，在企業裡，什麼都以企業為前提，因材而用，不能因個人原因而壓抑人才。

1947 年的一天，一千中年人走進湯瑪斯・約翰・沃森的兒子小沃森，一個 IBM 第二任總裁的辦公室，他瞧了一眼小沃森，毫無顧忌的嚷道：

「我沒有什麼希望了，銷售總經理的差事丟了，現在幹著沒人幹的閒差……」

此話怎講呢？

這個人叫伯肯斯托克，是 IBM 公司未來需求部的負責人。他是當時剛剛去世的 IBM 公司第二把手柯克的好友。因為柯克與小沃森是死對頭，肯斯托克心想：「柯克一死，小沃森肯定不會放過他，與其被人趕走，不如主動辭職，鬧個痛快。」

伯肯斯托克知道小沃森與他的父親一樣，脾氣暴躁，也很愛面子，假若哪位員工敢當面向他們發火，那麼，其結果就不言而喻了。

奇怪的是，小沃森顯得非常平靜，臉上還有一絲笑意。

伯肯斯托克有點緊張了。

不是因為害怕，而是有點摸不著頭腦了。

「如果你真行，那麼，不僅在柯克手下，在我、我父親手下都能成功。如果你認為我不公平，那麼你就走；否則，你應該留下，因為這裡有許多機會。」

「如果是我，現在的選擇就是留下來。」

「我剛才的話你沒有聽見？」

小沃森沒有回答，好像真的沒有聽見。

小沃森實際上做的是盡力挽留面前這個人。

事實證明，留下伯肯斯托克是正確的。伯肯斯托克是個不可多得的人才，甚至比剛去世的柯克還精明能幹。在促使 IBM 從事電腦生產方面，伯肯斯托克的貢獻最大。當小沃森極力勸說者沃森及 IBM 其他高級負責人趕快投入電腦行業時，公司總部裡支持者相當少，而伯肯斯托克全力支持他。

伯肯斯托克對小沃森說：「打孔機注定要被淘汰，假定我們不覺醒，盡快研製電子電腦，IBM 就要滅亡。」

小沃森相信他說的話是對的。

小沃森聯合了伯肯斯托克的力量，為 IBM 立下了汗馬功勞。

小沃森在他的回憶中還曾寫下這樣一句話：「在柯克死後挽留伯肯斯托克，是我有史以來所採取的最出色的行動之一。」

小沃森不但挽留了伯肯斯托克，後來，他還提拔了一批他並不喜歡，但卻有真才實學的人。

松下幸之助說過：「為完成一種事業，是要具備各種經營要素才能構成的，但中心還是人與人的問題。」如果沒有經營者與員工的協調合作，事業就無法成功，要做到這一點，管理者首先必須具備寬容大度的性格。如果管理者心胸狹窄，遇事斤斤計較，患得患失，必然與人合不來。

性格寬容的管理者，重事業輕小侮，顧大局棄小利，能夠與人和睦相處，所以也就能夠最廣泛的團結下屬，同心協力做好工作。用人是管理者的基本職責之一，一個管理者能否在用人方面有所作為，與他的性格是否寬容有極大的關係。心胸狹窄的管理者，往往對人才過分苛求，即使優秀的人才，到了他的手下，也要吹毛求疵。人都會有缺點，也難免犯錯誤。氣量寬容的管理者，往往能夠容忍別人的缺點，對犯了錯誤的人也能團結共事，而不是一棒子打死。在氣量狹窄的人眼裡，沒有一個令他滿意的人才；而在寬宏大度的管理者眼中，下屬個個都是人才，只要安置到合適的職位上，都

能發揮所長。用人首先在善於識人，即全面、準確的認識和評價人，而不是帶著一副有色眼鏡看人。只有具備寬容性格的管理者，才能做到這一點。管理者的性格是否寬容，對於決策也有很大的影響。心胸寬廣則眼界和思維咀寬廣，處處從長遠和大局出發；心胸狹窄則鼠目寸光，思維往往局限在一時一事的得失上。而且，後一種人常常把精力耗費在尋隙覓仇、勾心鬥角上，對方針政策、策略戰術往往缺乏周密的思考。決策不僅依靠管理者自身的智慧，還需要廣泛吸收他人的意見和建議。管理者如果氣量狹小，對不同的意見便聽不進去，相反的意見更是容納不了，這樣往往會導致決策的偏差。一項好的建議，對於寬容的管理者來說，不論建議者是誰都會毫不猶豫的採納；對於心胸狹窄的管理者來說，往往先看提建議者是什麼人，如果是自己一向看不起的人，則對他的建議不屑一顧。有句俗話：「宰相肚裡能撐船。」管理者的重任，確實需要有度量的人才能擔當。

寬容須有分寸，不是寬容一切。不能對下屬的任何不良行為和過失都採取「好好先生」的態度。那樣只能使組織內部邪氣直升，綱紀廢弛。任何寬容行為都是建立在原則性的基礎上的。管理者在考慮對某人某事是否採取寬容的態度時，必須從是否有利與組織生存與發展的根本原則出發。以下五點可供借鑑：

第一、寬容那些性格傲慢但卻又突出優點的人。

第二、寬容那些犯了錯誤但確認錯並願意改正的人。

第三、寬容那些造成失誤但確屬情有可原的人。

第四、寬容曾與自己做過對的人。

第五、寬恕眾多的犯錯之人。

世間萬事萬物都充滿了矛盾，人與人之間也經常發生矛盾。作為企業管理者，應該具備寬廣的胸襟，積極主動的緩和化解矛盾，將矛盾減少到最低限度，使工作正常運行。

7. 既爭人才，又爭人品

讓未來 CEO 的經營目標改為回饋社會、誠實經營但仍然獲利，在此之前，誠信是必要條件。

現在你是公司的主管，旗下一位同事生了重病，必須請長假休養，但他的假期已經用完。此時，他的太太跑來找你，表示還扛著沉重的房貸，如果老公失去這份收入，將繳不出貸款，房子會被查封，因此希望老公可以繼續上班。但是現在部門人手預算吃緊，業績壓力又大，此時你該怎麼辦？

這是花旗銀行臺灣考場交給應徵者的難題，10 多位年輕人開始絞盡腦汁，想像自己所面臨的處境，然後以 4 到 5 人分組的方式，討論可能採取的做法和背後的考慮。主考官就坐在一旁，仔細聆聽整個討論的過程。其中一位應徵者提出他的解決方案：「不如少上一檔廣告，省下的經費足以支付那位同仁的薪水。」後來，他被判出局。

1000 多位名校畢業的 MBA 高材生，經過企業層層面試和筆試的篩選與淘汰，刷到剩下 10 多人，而這些原本突破重圍的優秀應徵者，經過最後一關「人品大考驗」得以倖存的卻不到二分之一，答案沒有對或錯，測驗的只是人心，銀行想知道應聘者的人品和想法跟花旗的企業文化是否契合。花旗銀行在全球推出業界知名的「MA 儲備經理人才計畫」，在亞洲培育出多位政界與金融界菁英。40 年來，凡是花旗 MA 出身的經理人，「品德」都是他們得以擊敗競爭對手脫穎而出的最重要關鍵。

（一）有才無德更容易闖禍

人才是可以後天訓練的，但人才若缺乏人品，闖的禍反而比庸才更大，因此花旗選才，才華再高，沒有人品寧可不要。

前美國德州儀器總裁兼執行長佛瑞德指出，經理人員即使很聰明、有創意義很會替公司賺錢，但如果他不誠實，則他不僅一文不值，對公司反而是

相當危險的人物。佛瑞德對誠實所下的定義是：當經理人發生難以預料的事情而無法達成承諾時，他必須盡可能通知對方，解釋未能達成的原因，並竭盡所能去減少對方的損失。

企業員大的資產是人才，但一旦用人不當，人才也會成為企業最大的負債。因此，人才的品德比專業能力更重要。

2003 年 5 月 11 日，《紐約時報》刊登了一則令人震驚的道歉啟事，替該報 27 歲記者布雷爾杜撰新聞一事，向所有讀者及相關人士致歉。雖然《紐約時報》勇於認錯、扛起責任的態度值得欽佩，但這個事件已足以讓它的百年金字招牌受損，因為連全球公認最好的報紙都有作假的新聞，媒體如何能再取得讀者的信賴？同年 10 月，華人圈最大的律師事務所「理律」驚爆員工劉偉傑盜賣客戶託管股票案，盜賣股票金額高達新臺幣 30 億元，讓「理律」一度瀕臨破產，雖然最後取得客戶諒解並達成協議，以 16 季分期攤還、外加 18 年法律服務和公益慈善抵債的方式收場，但在金錢損失外，多年辛苦打造的品牌與商譽受創更大。

事實上，無論企業管理制度多麼嚴謹，一旦僱用品德有瑕疵的人，就像組織中的深水炸彈，隨時可能引爆。2005 年 4 月下旬，美國朗訊公司以迅雷不及掩耳的速度，開除包括亞洲區總裁在內的 4 位高級經理人，因為他們涉嫌違反「反悔外腐敗法」，以行賄方式打通亞洲市場的人脈。此次朗訊決心壯士斷腕，無非是擔心陷入危機。

（二）人品攸關企業永續競爭力

企業競爭，不只是策略、技術和創新的競爭，最後決勝負的關鍵，往往掌握在品德手上。跨國企業 IBM 轉型為服務導向的高科技公司後，發現尤其在提供無形服務的業務競爭時，影響客戶最後採購決策的因素，往往是口碑和信賴度，而 IBM 人長期累積的品牌形象成為臨門一腳。

IBM 制定的 9 項用人標準中，有 5 項跟品德有關，即具備「勇於負責、工作熱忱、自我鞭策、值得信賴和小組配合」的能力。IBM 人力資源部門內部有不成文規定：絕不任用「帶兵團體跳槽」的主管，因為「有道德瑕疵」；也絕不任用帶著前一家公司資源前來投靠的人才，因為「今天你偷了老東家的東西過來，難保明天不會偷 IBM 的東西出走。」

「企業品德是一種無法量化的競爭力。」臺灣 IBM 人力資源部副總經理柯火烈語氣沉重的說：「企業如果不重視誠信，不但影響企業形象，也絕對影響企業的競爭力。」麥克雷恩在《負責任的經理人》一書中指出，重視品德的企業，除了可以免於訴訟的危機，高道德標準的要求，還有助於提高業績表現，因為顧客認同企業形象而變得更加忠誠，員工也因此提高生產力。

美國奧克拉荷馬市成立超過半個世紀的精瑞公司，是一家生產原油開發機具的製造商，近 20 年來生產成本不斷上揚，但精瑞公司仍堅持不漲價，以提高生產效率維持足夠的利潤，因此產品市場占有率還能高達全球市場五成以上。精瑞公司的成功祕訣就在於董事長何霆翔從 1992 年起所推動的企業品格訓練計畫。剛開始，為了找出生產效率無法提升的原因，他把整個工廠運作的情形用錄影機錄下來，發現不少員工消失在鏡頭下，原來有人花了不少時間四處尋找工具，有人偷偷跑去喝咖啡休息。後來，他決定透過品格教育訓練，向員工強調井然有序、主動、盡責等多種好品格特質的重要，員工在潛移默化下士氣大振，把原本安裝機器的時間縮短到只要 27 分鐘，競爭力大為提升。

不僅如此，精瑞公司也強調企業應盡的社會責任。在石油產業景氣低迷時，精瑞介紹員工到其他公司暫時安頓，或是鼓勵他們到市政府當義工，再由員工薪資提撥成立的基金支付薪水差額，以取代資遣員工，結果員工對企業忠誠度提高，也贏得「品格企業」的美譽。

（三）企業管理者要以身作則

過去企業為追求提高效率、降低成本，訂下許多規範。但進入知識社會時代，企業經營需要的是「創新」，必須讓員工自主，不能再層層節制每個員工的行為，就在「捏太緊怕死掉，放太鬆怕飛掉」之間，管理科學的精神和制度除了要更加尊重個人，倫理更是不可或缺。

企業倫理的推動與落實，最好的方法是讓企業倫理的觀念融入企業的核心價值，塑造出強有力的企業文化，進而影響員工的行為和意識形態，而企業管理者扮演關鍵性的角色。

有一次，福特汽車的臺灣代理經銷商因銷售福特汽車大賺一筆，特地買了一套高爾夫球木桿當禮物送給總經理表達謝意，總經理收到後二話不說，立刻按照公司規定的程序，附上一封書信表明心領，然後連同禮物退還給對方。由於總經理以身作則，福特人自然而然遵守公司規定，絕不收受超過 25 美元的禮物饋贈，連小錢也不會占公司便宜；即使出公差回來報帳，有人請客的那一頓，也不會虛報誤餐費。

本田公司臺灣總經理藤崎照夫強調，企業管理者的品德相當重要，因為他是企業的領導核心，也是一種公器，如果不能以身作則，就會「上梁不正下梁歪」。他舉例說，一家與本田往來密切的企業，因為公司規範清楚嚴明，剛開始成長相當快速，後來因為企業管理者一度走偏，結果危及企業的生存。相對於歐美企業動輒搬出厚厚一疊員工倫理守則要員工簽署，日本企業對員工的態度較傾向「人性本善」，相信員工會主動對自己負責，因此不需要透過行為規範來管理。

「要那麼多規範有用嗎？」像美國安然設立很多規範，但弊案照樣發生，規範再多，不能遵守，還不是一樣？」藤崎照夫說，「這是社會規範的常識，根本不需一再重複或是把每個細節都加以規範，因此不值得討論。」他認為，員工的人品很難透過品格教育來改變，只要讓員工的自我感到驕傲，對企業

產生認同，這樣就會主動提供高品質的產品和服務。

　　一位美國 MBA 學生這樣說，我們必須讓未來 CEO 的經營目標改為回饋社會、誠實經營但仍然獲利，在此之前，誠信是必要條件。如果人與人之間缺乏信賴和信任，則無法建立一個重視相互聯結的 E 化社會。未來企業必須拿出公司治理與資訊透明，取得股東和顧客的信賴，也要靠企業倫理構建出公司以及員工之間的信任，而這將是企業追求永續經營的唯一道路。

8. 請「大和尚」進「小廟」

　　21 世紀最重要的是什麼？人才！對眾多經銷商來說，要突破發展的瓶頸，越是小廟，越要請進大和尚。只是，小廟真的可以請進大和尚嗎？

　　經銷商王老闆在建材行業摸爬滾打近 10 年，成功完成了資本的原始累積。眼看公司一天天發展壯大，家族管理弊端日益嚴重，自己又不能像年輕時那樣事必躬親，他一心想請來個能人委以重任，但物色多次，人家總是嫌他的廟小、不夠大，不肯屈就。王老闆真是愁腸百結。

　　去年這個時候，王老闆聽說有間水泥廠瀕臨破產，立即意識到挖人才的機會來了。該水泥廠銷售科的劉科長是個人才，40 歲，有多年的銷售和管理經驗，為人誠實守信，非常敬業，在銷售職位上有過突出貢獻，在業內赫赫有名。王老闆以前和他接觸過幾次，有意請他過來幫忙，都被他婉言謝絕了。這次水泥廠即將破產，劉科長面臨失業，而他的兒子第二年就要出國留學等著用錢。雖然小城市消費水準相對較低，但是每月的食物消費、水電費、交通費等加起來也是一筆不小的開銷。王老闆趁機找到劉科長，有意請他來公司當副總，一人之下、眾人之上，主管銷售，實行年薪制，年薪 100 萬元。在劉科長最困難的時刻，這麼誘人的條件，猶如雪中送炭，劉科長感激得不知如何報答，他將此恩銘記於心。

由於公司起步於夫妻店，在發展過程中難逃家族人員的參與，因此，公司不大，人數不多，但是親緣關係錯綜複雜，內親外戚都有。劉副總（即以前的劉科長）走馬上任以後，就開始整頓和規範公司的內部管理。在此過程中，必然有一部分人不適應公司新的管理方式和制度，難免產生衝突。有一次，王老闆的親弟弟因為上班時間偷打牌耽誤了送貨給客戶，受到了劉副總的嚴厲責罵，而對方倚仗是王老闆的親弟弟這層關係，當著眾員工的面，無視劉副總的責罵，出言不遜，破口大罵，一副無賴相。恰好此時王老闆從外面回來目睹這種局面，簡單詢問了一下，得知實情後，當場責罵了弟弟，並宣布扣除其當月薪水，試用至當月月底，如果表現不好，月底即開除，說到做到，請大家監督。接著，王老闆又當眾宣布，以後不論呈誰，都要嚴格遵守公司的規章制度，聽從劉副總的安排，否則予以嚴懲，絕不留情。這種「殺雞儆猴」的做法，確實產生了威懾作用，很多倚仗親戚關係我行我素的老員工，開始留心公司的規章制度並服從劉副總的管理。從此，公司的人員管理走向規範，劉副總的權威樹立起來了，他看到了王老闆規範公司管理的決心，做起工作來也更加放得開，更加賣力。

　　果然，劉副總沒有辜負王老闆的期望，短短幾個月就把公司管理得井井有條，員工的素養明顯提高，精神面貌也煥然一新。同時，公司營運成本大大降低，開發了不少新客戶，銷售額明顯提高。這時有家競爭對手過來和劉副總接觸，想以更高的薪水聘請他，劉副總心動了。此事很快傳到王老闆那裡，他了解情況後並沒有急於找劉副總談話，而是希望用實際行動挽回劉副總的心。他聽說劉副總的母親最近得了糖尿病，正在住院，情況比較嚴重，需要花錢動手術，而公司實行年薪制，部分薪水到年底才發。於是，王老闆二話不說就聯繫醫院的熟人，給劉副總的母親安排單人病房，又找來最好的醫生，先支付了部分手術費。待老人住院後，他三天兩頭去醫院看望老人，每次去都帶些水果和補品，讓老人非常感動。後來，老人見到兒子，就不停

的說王老闆的好話，說王老闆有恩於他們家，再三叮囑劉副總努力工作，以報答王老闆的恩情。劉副總也是知恩圖報的人，看到王老闆為自己母親看病所提供的幫助，就打消了離開公司的念頭，並下定決心跟著王老闆拚事業。不久，劉副總的兒子要出國留學，他曾經答應寶貝兒子陪他飛去國外，可現在公司正忙，母親又在住院，實在是走不開。一想到兒子失望的表情，他就心如刀割，但又不好意思向王老闆開口請假。幸好王老闆明察秋毫，知道劉副總的心思，爽快放了他一個月的假，讓他有時間陪兒子安頓基本生活。王老闆的這種善解人意之舉，無疑進一步征服了劉副總的心。

公司的發展除了人才之外，就是錢的問題。如果人才未能和資本相結合，公司就會面臨發展的瓶頸。雖然公司在多年的摸爬滾打中累積了不少資本，但是，如果將其用於擴大營業面積、另開分店，就顯得杯水車薪。為了解決資金的問題，王老闆極力說服劉副總入股，因為劉副總以前在水泥廠銷售科做科長的時候，和銀行的工作人員過從甚密，應該有幾個關係好的人，能夠給公司貸來不少錢。更重要的是，劉副總一旦入股，就會由工作者的角色轉變成股東的角色，和公司形成利益共同體，同舟共濟。劉副總抵制不了王老闆的誠懇邀請，很快「就範」。就這樣，王老闆不僅達到了融資的目的，還達到長期留人的目的。

人才是經銷商發展的瓶頸，很多經銷商覺得自己是小作坊所以請不來高手，因此只好一邊繼續自己的小作坊式操作一邊嘆氣。其實，在自己是小作坊的時候就請來高手，才是經銷商發展的關鍵一環。從某種意義上說，有多大的魚，就會有多大的池塘。

王老闆的經驗說明：當經銷商真正重視人才並設身處地為對方著想的時候，就不愁請不到、留不住人才，也就不愁公司沒有長足的發展。

9. 形成平衡互補的人才結構

在一個組織中，每個人才因素之間最好形成相互補充的關係，包括才能互補、知識互補、性格互補、年齡互補、性別互補和綜合互補。這樣的人才結構，在科學上常需「通才」管理者，使每個人才因素各得其位，各展其能，從而和諧的組合在一個「大型樂隊」之中。

對於那些熟悉 SUN 的人來說，將這個公司的名字和斯科特‧麥克尼利聯繫在一起是一件理所應當的事情，但這位 CEO 自己最反對強調他個人的作用。SUN 的 CEO 勞倫斯‧艾利森說：「斯科特所做的事情之一就是用一些極佳的人選來彌補他的領導缺陷，圍繞在他身邊的不是一群唯唯諾諾之輩。」

麥克尼利旗下的菁英們對 SUN 的大小決策都有發表意見的機會。麥克尼利本人非常看重大家的意見，即便是他本人與大家的看法正好相反時也依然如此。1987 年，麥克尼利反對靠提高價格來衝抵不斷攀升的成本，但最後還是按照大多數人的意見，將價格進行了調整。麥克尼利的同胞兄弟將他的這一特點歸於他們的家庭環境，他們的父親在家中實行的就是「團體領導」。人們往往認為，徵求大家的意見會造成時間上的拖延，但 SUN 成功的避開了這個陷阱。1987 年從蘋果電腦公司轉到 SUN 的財務總監傑斯夫‧格瑞茲諾說：「這裡的決策過程比我工作過的任何地方都要快，甚至比蘋果公司還要快。」

像任何一個非常成功的 CEO 一樣，麥克尼利靠培養和協調各種高層人才來壯大公司的人才團隊。在 SUN，兩個完全不同類型的人為公司做出了不可或缺的貢獻：總經理艾德‧札德和首席技術專家比爾‧喬伊。

札德可能是在 SUN 的執行官中唯一能在體育比賽中與麥克尼利相比的人。

　　札德是希臘和波蘭移民的兒子，在紐約布魯克林區這個大熔爐裡長大。在這個區裡孩子們學會打架，或盼望能盡快搬到郊區去住。札德的父母在他12歲時真的搬到郊區，這對這個不好管束的孩子來說，算是一種調教。

　　札德的朋友給他起了「快艾德」這個綽號，因為他們覺得他充滿了活力、智慧和不懈的競爭意識。這些特點是他和麥克尼利共有的。正因為如此，麥克尼利不惜花6年時間將札德從阿波羅公司挖角過來。在許多方面，他又和麥克尼利很不一樣，《福布斯》的丹尼爾‧李揚說：「他（札德）保持低調、精心策劃、有節制，而麥克尼利則好張揚、透明和毫無規律。」

　　麥克尼利「定下目標」後，由札德去具體實施。SUN的首席財政官麥克‧萊曼也有類似的評價：「斯科特有遠見，有管理才能，他很善談。艾德‧札德則好一些，談得較多的是客戶、市場和直接的機遇。」

　　麥克尼利簡短的總結了這種不同：「我更注意長期，艾德更注意短期。」

　　比爾‧喬伊，這位SUN傑出的、反傳統的哲學家、不斷創新的首席技術專家和直截了當、講究實用主義的艾德‧札德完全不同。事實上，喬伊選擇生活在雲中：他在克羅拉多州的洛磯山脈滑雪城愛斯本工作，據說是為了避開矽谷的交通和SUN的會議。

　　喬伊和麥克尼利是四個創始人之中仍留在該公司的兩個，他們倆都是被另外兩個創始人招來的。喬伊在加州大學取得了碩士學位，是四個創始人中唯一沒有獲得斯坦福大學‧MBA學位的人，但他也是為SUN今天的成就做出貢獻最大的，這是因為他在電腦及各種電子裝置的網路化研究上取得的成就。網景公司的創始人馬克‧安德里森說：「他所做的將產生深遠的影響。據我所知，他是唯一一個同時設計了微處理器、為一個新營運系統編碼、並發明一種電腦語言的人。」

　　喬伊的研究成果裡有大名鼎鼎的JAVA，這種語言不經修改就可在不同的平臺上運行，因此我們能隨心所欲的開發和利用網際網路。喬伊在讀碩士學

位的時候就為此研究奠定了基礎。但是，他編寫了自己的 Unix 版本（Unix 是 AT&T 為大型電腦開發的運行系統）。現在任職於 Google 的艾瑞克‧切米回憶說：「他通常整夜都在編碼，我們其他人只寫了一點，他幾乎是自己完成的，他寫了數百萬行。」因此，喬伊才引起了其他 SUN 創始人的注意。他們意識到需要喬伊來一起推動 SUN。麥克尼利慶幸發現了喬伊這樣的人才——是他的工作維持了 SUN 的利潤。

近來國外的研究顯示，一個經理團隊中，最好有一個直覺型的人作為天才軍師，有一個思考型的人設計和監督管理工作，有一個情感型的人提供聯絡和培養職員的責任感，並且最好還有一名衝動型的人實施某些臨時性的任務。這種互補定律得到的結果是整體大於部分之和，從而實現人才族群的最優化。管理者用人時不能不明白此理。

人才結構中的平衡互補原則，在現代企業的經營管理中有著越來越重要的作用，只有了解了人才結構中的互補定律後，才能好好用人。

用人除了要了解人才的才能互補、知識互補外，還應了解人才中的個性互補。無論在哪一個人才結構裡，人才因素之間都存在著個性差異，每個因素的氣質、性格都各有不同。例如，有的脾氣急，有的脾氣緩；有的做事細緻、耐心；有的辦事麻利、迅速。這些不同的個性特徵，都可以從不同角度對工作產生積極作用。如果每個人才因素都是一種性格、一種氣質，工作反而難以做好。例如，全是急性子的人在一起，就容易發生爭吵、糾紛。這和物理學上的「同性相斥」現象極為相似。個性互補，有利於把工作做好。一般而論，人才都有著鮮明的個性特性，如果抹殺了他們的個性特徵，就等於抹殺了人才，只有把他們組織在一個具有互補作用的人才結構中，才能充分發揮他們的作用。

另一方面，還要注意其中的年齡互補。老年人、中年人、青年人各有各的特長和短處，這不管從人的生理特點還是從成才有利因素來講，大都如

此。因此，一個科學的人才結構，需要有一個比較合理的人才年齡結構，從而使得這個人才結構保持創造性活力。明朝開國皇帝朱元璋取得政權後的用人方針就是「老少參用」。他是這樣認為的：「十年之後，老者休致，而少者已熟於事。如此則人才不乏，而官吏使得人。」朱元璋的這一用人方針是從執政人才的連續性、後繼有人問題出發的。其實，它還有更高一層的理論意義，老少互補對做好工作，包括開拓思路、處事穩妥、提高效率等都意義深遠。

　　性別互補也非常重要。物理學上有條規則：「同性相斥，異性相吸。」男女都需異性朋友。人們只要與異性一起做事，彼此就格外起勁，也就是人們常說的「男女搭配，做活不累」。這種情形並非戀愛的情感，或者尋覓結婚對象，而是在同一辦公室中，如果摻雜異性在內，彼此性情在不知不覺中就會調和許多。以前的公司內，有些部門專是男性負責，有些部門全是女性，並非故意如此安排，實則是因工作上的需求，不得不如此。在純男性或純女性部門中，經常有人發牢騷，情緒非常不平穩。於是有人建議安排一些異性進去，結果情況大為改觀，他們不再那麼憤世嫉俗，而且工作情趣陡升，工作績效也大為提高。

　　現在越來越多的人都意識到，辦公室內若有異性存在，就可鬆弛神經，調節情緒。男女混合編制，不但能提高工作效率，也可成為人際關係的潤滑劑，產生緩和衝突的彈性作用。但是，男女混合編制要掌握一定的平衡規則。在眾多男性中只摻雜一位女性，或者許多女性中只有一位男性，這樣做也是不妥的。有效的男女編制至少要有 20% 以上的異性，同時也都希望彼此年齡能夠相仿，因為彼此年齡懸殊，可能會形成代溝，也不會合得來。現代的年輕人，多半認為男女交往是一件正當的事，對自己的行為也大多能負責，所以你毋須過分擔心。

　　工作上不可能有男女混合編制時，應經常舉辦康樂活動或男女交誼團體

活動，增加男女交往機會。公司方面也不妨鼓勵員工多參加公司以外的活動，總而言之，對公司是裨益良多的。

平衡互補的用人之道在現代企業管理中，地位越來越重要。規模越大，越需要在其人才結構中展現這一原則。

第七章
知人善任，不要讓千里馬去拉磨

知人善任是用人管理的關鍵，欲要善任，先須知人，自古以來就有伯樂識千里馬之說。從古至今，眾多的「千里馬」都是得利於眾多的「伯樂」而得以奔騰萬里的。

1. 知人善任也是一種藝術

在人力資源管理中，用人和留人也許是最讓管理者們頭疼的兩個環節，而恰恰是這兩個環節左右著企業的命運。實際上，人用好了，留人則成功了一半。

但是，作為一個人力資源管理者，不管星空降兵，還是從一線員工提拔起來的，在企業裡總會面對形形色色的員工，有初出茅廬一張白紙的應屆大學生，也有升遷潛力強大的競爭者，甚至還有輩分比老闆都大的開國元老。如何用其所長，發揮人力資源最大化效用是每個管理者的核心目標，不過，前提是 —— 知人，才能善用。

不論來自什麼背景，有何過往經歷，或是出身於某某名牌大學，既然可以透過面試進入到企業中來，至少應該說明該員工的經驗或技能與空缺職位存在一定的匹配度，所以人力資源管理者或直線主管應該在新員工入職後 15至 30 天內密切留意其工作情況，這段時間我們稱之為「觀察期」。觀察期內的主管應隨時隨地與新員工交流工作心得，給予工作技能指導，灌輸企業精神和發展遠景。因為面對陌生的工作環境，新員工都會面臨一個磨合適應的過程，若引導不當，很容易使其產生煩躁、茫然的情緒，這也就是為什麼大

部分的辭職總是發生在入職後的 3 至 4 個月。

　　一般來說，透過觀察期的觀察與「密切追蹤」，我們基本上可以把員工分為四種：A、投入工作且有能力的；B、投入工作但無能力的；C、不投入工作但有能力的；D、不投入工作且無能力的。

　　這四種員工類型正代表了管理者和直線主管的四個工作重點。

（一）培育高績效員工

　　這種員工透過觀察期的引導和磨合，會很快適應工作環境，充分發揮出自己的聰明才幹，全心全意投入到該職位的工作中。在此情況下，管理者應制定出培養計畫，並幫助其做出與企業遠景相匹配的職業生涯規劃，在滿足其物質需求的基礎上增加精神激勵，用有價值的個人目標和組織目標促進其成長，使其認同企業文化。逐漸把企業的發展等同於自己的事業。同時，此類員工也是管理層接班人的最佳人選。

（二）指導平庸者

　　面對喜歡該職位但卻因為能力問題無法取得高績效的員工，管理者應該側重於工作技能的培訓，甚至和該員工一起深入一線找出實際操作的不足和偏差，因為現場培訓和指導的效果要遠遠強於事後的總結。

　　惠普之道的核心之一就是「走動式管理」，它在龐大的企業組織中造就了無比堅實的團隊精神和信任感。惠普的管理者被要求必須經常在員工當中走動，和有空閒的人聊天，這樣一來，基層員工都歡欣鼓舞的認為自己的工作非常重要，自己總是被關心和關懷，因為管理者都希望聽取他們對公司、對工作的看法。與此同時，企業管理者也可以在走動中不斷觀察、隨時溝通、糾正錯誤，把偏差消滅在起點處，而不是在偏差越來越大的末端。這樣一來，企業的運作流程可以得到最好的改善，問題可以得到防範和控制，管理者就可以從「救火員」變為「防火員」。

從另一方面看，此類型的員工也許本身並不適合該職位的工作，管理者應及時調整其位置，揚其長避其短，把最好的鋼用在刀刃上，讓該員工向 A 類型邁進。

(三) 培養忠誠度和向心力

有些員工具備取得高績效的能力，但個人發展願望與志向可能與所在職位或企業遠景存在差異，所以該類員工總是這山望著那山高，只是把現有職位當做通往高薪的跳板。如果一個企業出現太多的 C 類員工，那麼則應該反思一下薪酬制度、企業文化和企業遠景是否出現了問題。從馬斯洛需求層次看，擁有越高職位的員工對精神層面的追求就越強烈，企業在滿足其物質需求如薪水、福利的情況下，還要考慮其個人的夢想和成長的需要，而且，不同的員工有不同的需求。

在這一點上，全球最佳僱主之一的星巴克則是用人的典範。星巴克在業界中並不是薪酬最高的企業，其中 30% 的薪酬是由獎金、福利和股票期權構成的，星巴克不是每個地區有股票期權這一部分，但其管理的精神仍然是 —— 注意員工的成長。有些地區的星巴克有「自選式」的福利，讓員工根據自身需求和家庭狀況自由搭配薪酬結構，有旅遊、交通、子女教育、進修、出國交流等等福利和補貼，甚至還根據員工長輩的不同狀況給予補助，真正展現人性化管理的真諦，大大增強了員工與企業同呼吸共命運的信心。

(四) 淘汰不可救藥者

也許此類員工本來就不應該進入到企業中來，招聘面試的目的是挑選具備任職資格又擁有升遷潛力的人選，如果是觀察期後被鑑定為此類的員工，則應該立即調動職位甚至給予辭退，即使是立過戰功的開國元老也不能例外。因為這種員工在工作態度和行為上，會給其他員工帶來不良影響，甚至可能把有望晉級 A 類、B 類、C 類員工拖到 D 陣營中來。

在社會存在的組織中，不管職位高低，大多數人都是希望被注意、被尊重的，企業管理者應該分析員工失去工作興趣的原因，是因為無能力而丟失工作熱情，還是因為被忽略而低績效。正如垃圾可以循環再造一樣，世界上不存在沒用的人，而是人沒有用在合適的位置上，或者，企業沒有合適的職位。所以，辭退該類員工是為了殺雞儆猴、獎優罰劣，剷除「一粒老鼠屎可以壞掉一鍋粥」的隱患。在這裡面，管理者如何保持與員工溝通的連續性和有效性就變得尤為重要了。

我們都知道，企業足重要的資產是人，「知人善用」四個字看似簡單，實際做起來並不容易。近幾年來，許多人力資源招聘類電視節目如火如荼放映著，國外的像川普（DonaldTrump）的「誰是接班人」（TheApprentice），不管員工是否投入工作，只要結果是低績效的就要面臨被炒的境地；維珍（Virgin）老闆布朗森招聘 CEO 繼任者的一系列冒險活動，從膽識、組織、控制、團隊等等各方面評估人才；這些考核無非都是讓企業家們在實戰中挑選綜合能力與任職資格最匹配的人才，因為只有對人才的認知越深，看得越透，你才能真正用好他。

運用之道，存乎一心。人性是最變幻莫測的東西，管理者如果能掌握其中的奧妙，所有管理問題都將迎刃而解。

2. 把合適的人放在合適的位置

要把合適的人放在合適的位置，也就是通常所說的人盡其才，讓他的長處在某一領域得到發揮，避免他的短處。對於思考活躍、性格外向的人，適合從事開創性的工作，例如銷售、設計等。可讓愛思考的人，多與他人打交道。對於性格內向，沉穩不善表達的人適合去執行具體的任務。而兩方面都不錯的人可以從事管理。另外，一個人在他自己感興趣的領域裡工作，其能

力發揮肯定是無限的。讓一個人從事其感興趣的工作不需要對他要求太多就能做得很好，甚至給他更多的任務他也願意，因為他所從事的是他熱愛的事業。尤其是對於剛畢業的年輕人來說，根據其性格和興趣合理安排工作職位會有很好的效果。對他們來說工作的成就感和技能的提升，遠大於金錢和物質上的獎勵，因此可以給他們更多的任務和更多的嘗試機會。

量才適用，即在適當的位置上，配置適當的人才，啟發人才自動自發工作的精神。

聚集智慧相等的人，不一定能使工作順利進行，分工合作，才會有輝煌的成果。三個能力和智慧高強的企業家合資創辦了一家公司，分別擔任會長、社長和常務董事的職務。一般人都以為這家公司的業務一定會欣欣向榮，但沒想到卻不斷虧損，讓人匪夷所思。這家公司是一個大裝配廠的衛星工廠，隸屬於某個企業集團。虧損的情形被企業集團的總部知道之後，馬上就召開緊急會議，研究對策。最後的決定是敦請這家公司的社長退股，改到別家公司去投資。有人猜測這家虧損的公司再經這一番撤資的打擊後，非垮不可了。沒想到在留下的會長和常務董事兩人的齊心努力下，竟然發揮了公司最大的生產力，在短期內就使生產和銷售額都達到原來的兩倍；不但把幾年來的虧損彌補過來，並且連連創造相當高的利潤。而那位投資到別家企業的社長，自擔任會長後，反而更能充分發揮他的實力，表現了他經營的才能，也創造了不錯的業績。這其中奧妙就在於，人才要配合適當。在用人時，必須考慮員工之間的相互配合，才能發揮個人的聰明才智，這也是人事管理上的金科玉律。一般所說的量才適用，就是把一個人適當安排在最合適的位置，使他能完全發揮自己的才能。更進一步分析，每個人都有長處和短處，所以若要能取長補短，就要在分工合作時，考慮雙方的優點及缺點，切磋鼓勵，同心協力謀求事情的發展。

一加一等於二，這是人人都知道的常識。可是用在人與人的組合調配

上，如果編組得當的話，一加一可能會等於三、等於四，甚至等於五。如果調配不當，一加一可能會等於零，更可能是個負數。所以，管理者用人，不僅要考慮他的知識和能力，更要注意人與人的編組和搭配。

3. 用人應以大局為重

一個成功的企業管理者對待人才要有海納百川的胸襟和氣度，要容人才之所長，也要容人才之所短，即用人應以大局為重。用人不計門第、不憑資歷、不分親仇。

用人不計門第：

《三國演義》中交待：「操父曹嵩，本姓夏侯氏，因為中常侍曹騰之養子，故冒姓曹」，這符合歷史的真實。可見曹操的身世和宦官有些瓜葛，可謂卑微，在當時很為清教名流所不齒，比如出身「四世三公」的袁紹就罵曹操是「奸閹遺醜」。曹操也曾自慚形穢的感嘆道：「自惜身薄枯，鳳賤羅孤苦。既無三徒教，不聞過庭語。」（曹操〈善哉行〉其二）但他並沒有因此而消沉和後退。相反，他乘亂而起，向那些貌似強大的豪族集團，像董卓、袁紹、呂布、陶謙、劉表之流，發起挑戰，並在角逐中一個個的消滅了他們。

劉備雖是中山靖王劉勝之後，但其祖早已因犯法被削去侯爵，其父早喪，家中貧窮，只得以「販屨織席」為業。常常有人揭他的老底，罵他是「織席小兒」，冒認皇親。但他同樣成就了一番驚天動地的事業。正如諸葛亮在舌戰群儒時駁斥陸績的：「高祖（劉邦）起身亭長，而終有天下，織席販屨，又何足為辱乎？」

至於在曹操、劉備、孫權手下建功立業的人物，更是身世、面貌各異。劉備大街上遇到徐庶時，徐庶是「葛巾布袍，皂條烏履」，一身窮酸模樣，其時正因殺人而改名換姓，逃難在外。

　　諸葛亮出世之前，乃一「村夫」，躬耕隆中，隱居林泉。關羽和劉備相見之前，因殺人逃在江湖，五年不敢回家。張飛出身鄉里，以「賣酒屠豬」為業。東吳的甘寧曾是江洋大盜，無能的黃祖堅持認為：「寧乃劫江之賊，豈可重用！」孫權不計出身，得到甘寧後大喜過望，說道：「興霸來此，大獲我心！」「吾得興霸，破黃祖必矣！」（第 38 回）甘寧後來屢建奇功，成為孫權帳下一名出類拔萃的勇將。許褚只是鄉間一名壯士，一到曹操手下就被拜為「都尉」，「賞勞甚厚」，他果然不負厚望，作戰勇猛無比，多次在危急時刻，捨身救下曹操性命。

　　俗語說：「莫將家世論人才」，正如許多古人所展現的：「高者未必賢，下者未必愚。」、「古來忠烈士，多出貧賤門。」歷史的事實說明，那些抱殘守缺的管理者，應該打開自己狹隘的眼界，不要以出身的門第取人。

　　用人不憑資歷：《三國演義》中的孫權，是作者著力塑造的一個勇於用年輕人的典型。他把年輕有為的周瑜依為股肱，又力排眾議，重用「年幼望輕」的陸遜。書中還透露，他「納魯肅於凡品」，「拔呂蒙於行陣」（第 82 回）。這些均以歷史的真實為素材。史書記載，孫權 15 歲時，繼承父兄基業，作了吳主。此後，他重用和選拔一位又一位年輕人，委以重任，放手使用，使東吳始終保持旺盛的奮鬥力，成為曹操、劉備不可逾越的障礙。周瑜被任命為大都督統管全國兵馬時，年僅 34 歲。為此，曾經跟隨孫權之父屢建戰功的程普老將軍很不服氣，公開侮辱周瑜，而孫權毫不動搖自己對周瑜的信任。魯肅投奔孫權時才 20 來歲，以老賣老的張昭在孫權面前吹風道：「肅年少粗疏，未可用。」孫權不但沒有聽他那一套，相反「益貴重之」（《三國志‧魯肅傳》），把魯肅留在身邊，參與機要，周瑜死後，又讓他繼任都督。呂蒙是行伍出身；由於作戰勇敢，20 來歲就被封為橫野中郎將，孫權讓他獨當一面，駐紮在陸口對付東吳的勁敵關羽。陸遜原來是無名小輩，經呂蒙推薦，孫權便把偷襲荊州的重大戰役交他指揮。後來，在西蜀八十萬大軍進攻東吳

時，孫權拜陸遜為大都督，令他拿管東吳六郡八十一州諸路軍馬。

孫權正是依靠一代又一代出乎其類拔乎其萃的年輕人，發動了一系列戰爭，建立了獨霸江東的牢固地位。由於有了這樣一批青年將領，他才得以西擊黃祖，勢如摧枯拉朽；以少勝多，赤壁大勝操兵；兵不血刃，偷襲荊州成功；火燒連營七百里，把劉備的政權從峰巔推向下坡路。他真不愧為宋朝詩人辛棄疾所稱讚的那樣：「年少萬兜鍪，坐斷東南戰未休。天下英雄誰敵手？曹、劉。生子當如孫仲謀。」用人不分親仇：郭嘉在分析曹操十勝、袁紹十敗時曾經指出：「紹外寬內忌，所任唯親戚，公外簡內明，用人唯才，此度勝也。」事實正是如此，袁紹忌才多疑，「短於從善」（《後漢書‧袁紹傳》），親近那些慣於吹牛拍馬的無恥之輩，打擊迫害具有真知灼見而又勇於直諫的忠貞之士。尤為嚴重的是，他重用的多是自己的親戚子弟，比如以長子袁譚為青州刺史，以次子袁熙為幽州刺史，以外甥高幹為並州刺史。而袁紹本人也承認，袁譚「性剛好殺」，袁熙「柔懦難成」。袁紹自以為得意的三子袁尚，其實更是淺薄、無能和殘暴。曹操、袁紹在倉亭對陣時，袁尚「欲于父前逞能，便舞雙刀，飛馬出陣，來往賓士。」斬了曹軍一個無名將軍史渙，便「自負其勇」。在曹操攻打冀州時，不待援兵到來，就孤軍迎戰，與張遼戰無三合，便「遮攔不住，大敗而走」、「不能主張」。袁紹死後，他竟和其母劉夫人一起把袁紹另外五個寵妾及其家屬，盡皆殺光。

袁紹奉行這樣的用人路線，自然會埋沒人才或影響人才發揮自己的作用，造成內部「勢不相容，必生內變」、「各不相合，不圖進取」，人心渙散，缺乏奮鬥力。

綜上所述，《三國演義》以豐富的事例和令人信服的情節，從正反兩個方面突出宣揚了選賢任能的正確標準，即唯才是舉，以大局為重。這和現代成功管理者的選才標準是異曲同工，沒有什麼大的差別。這種今天和過去的彼

此認同，說明了「用人應以大局為重」的正確性和強大生命力。

4. 疑人也用，用人也疑

「疑人也用，用人也疑。」這是一個關於用人的微妙問題，反映了用人環節的辯證關係。問題的焦點是疑和用。用是目的，疑是手段。如果只是用而不疑，那企業遲早必亂；如果只疑而不用，那企業的人才必定越來越少。疑和用本來就是矛盾的統一。

其實企業在用人問題上，本身就是一種「風險投資」。選聘的人，總不太可能一潭水望到底，況且人也在發展變化著，只能說基本符合條件，至於今後是否出色，還有待於實踐的檢驗。這就蘊含著一種風險，有可能事與願違，即或如此，雖有「他究竟能否做好」的疑惑，也還要用著看看，這便是「疑人也用」。古往今來，有很多這樣的事例：

楚漢之爭時，劉邦對韓信的忠貞是有一定疑心的，但他卻能從大局出發，重用韓信，打了一系列勝仗；唐朝的魏征原是唐太宗政敵一邊的人，但太宗卻大膽啟用。人所公認「貞觀之治」不能沒有李世民，也不能沒有魏征；美國的基辛格起初也是尼克森的對立面，但尼克森就任總統後，捐棄前嫌任用基辛格為高級助手，取得了一系列外交上的成就；三國演義中甘寧曾在黃祖處任職，黃祖以「寧可劫江賊」而不重用，後甘寧投奔東吳，破黃祖而立大功；田豐為袁紹手下的謀士，由於袁紹聽信謠言疑而不用，還殺了他，最後招致大敗。

「疑人要用」是實事求是的態度，是一種負責的用人態度。因為「疑」畢竟還只是疑，並非已經是事實，在人才的人格、知識、能力等還未確定的情況下，就置之不用，那麼，人才極容易的就會被埋沒，這對人才是不公平的，也是不負責的。負責的態度是有所疑也要給予使用，在使用中給予

了解、觀察和考核。實踐是檢驗真理的唯一標準，相信在實踐中，人才的本性、知識、能力和對企業的忠誠度都會顯現的。退一步來說，即使所疑真有其事，但只要不是道德層面的，只要真的有才華，也要大膽的使用。如果是責備求全，從短處著眼，採取「疑人不用」的態度，那麼人才就會被埋沒，人才埋沒就造成企業人力資源的浪費，不甘埋沒的人才另謀高就又造成了人才的流失，這樣企業的人才就會因此捉襟見肘，這對企業的發展是極為不利的。疑人要用，反映出的是用求實的，動態的觀點看待人才使用人才的態度。

「疑人要用」，是廣開招納人才大門之舉，只要是有用人才，皆可以用。諸葛亮用魏延難道不疑？既然疑為什麼還要用他？「取其勇也！」疑人，是主觀的東西，人才卻是客觀存在的。如果稍有懷疑就不用，那世間還有什麼人才可用？

而「用人也疑」，說的是企業管理中必需的監督制約機制。企業管理中，既要有激勵機制，又要有監督制約的機制，這是企業管理不可或缺的「兩個輪子」。展現著企業完善的運行機制。一個企業沒有監督制約機制就是盲目無序的管理，雖然名為「放手」，實則為「放羊」。英國的巴林銀行對駐新加坡的里森「用人不疑」，結果 3 年來他一直做假帳隱瞞虧損，最後造成 8.27 億英鎊的損失，迫使有 200 年歷史的老牌巴林銀行破產。

「用人要疑」，是穩定大局、防微杜漸之舉。這裡的疑，並不是常規的盯梢、暗查、追蹤之舉措，而是針對各部門、各工種的不同，估計會出現什麼問題，據此制定一系列的相互制約的規章制度，讓每個人心中都清楚：有規章制度在監督他們。這種監督檢查，既有預期的防範，更有對工作的進一步完善。對下屬的監督檢查，主要的是考核其工作態度和成效，並注意揚長補短，更有效的發揮他的作用。從這個意義來說，彌補了「用人不疑」中的放任自流任其獨自作業的弊病。而「用人要疑」則是放中有管，在放和管中尋

求最佳的適應度，使企業管理中的激勵機制與監督制約機制和諧運轉，並行不悖。

「用人要疑」，也是事物發展變化的要求，是對人才對企業負責的要求。任何事物不是靜止不變而是不斷發展的，人的品性、觀念、知識也是不斷變化的。這就要求我們要用發展的觀點看待人才，看待人才取得信任的基礎，不能一歲看到老，一信信到底。在使用人才之前要多打幾個問號，多考察，多對比，才能做到量才錄取，才有可能把人才安排到合適的能充分發揮其長處的職位上去。一個人的觀念、知識是否跟得上企業發展的步伐，是否能與時俱進，在職位上是否能開拓創新，打開新局面，這些都是企業要給予追蹤了解和驗證的。而作為人才，就要有被企業了解、考核和監督的準備。現代充滿誘惑和陷阱，在種種的誘惑面前，人才是否經得住考驗，單靠個人的自我約束是往往不夠的，企業必須給予嚴格的檢查監督。如果失於檢查，失於監督，人才怠忽職守，人才無所作為不能及時發現，及時調整和糾正，這樣就極有可能把企業推向深淵。因此，用人是不能不「疑」的。用人不「疑」，人就容易恃寵生嬌，驕則不思進取，驕則蠻橫無理。

當然，「用人要疑」並不是說對人才亂猜疑，沒有半點信任，而是說在用人上，只有採取「疑」的態度，同時對人才給予更多的注意，對人才的品格和能力給予即時的了解和把握，做到正確的使用人才「疑」在事前、「疑」在明處、「疑」得穩定、「疑」得公平、「疑」得有效。長此以往，被「疑」者也會受這種「疑人制度」的薰陶或勸誡而形成一種內慎力和趨同力，就會逐步做到能正確運用手中的工作權力，達到一種在組織規範內運用權力的自由境界。如此，則各種運用得當的權力組成一種達成組織目標的強大合力。也只有採取「疑」的態度，企業才有可能下工夫去建立和完善相關的激勵機制和約束機制，從制度上引導並督促人才走正道，促進人才有所作為，讓人才得到不斷的發展。

總之，在用人上，只有做到了「疑人要用，用人要疑」，才能創造出吸引、使用、監督人才的良好氛圍。在這樣的氛圍中才能做到物盡其用，人盡其才，才能保護好人才，激發人才的熱情和忠誠，開創出一個嶄新的有效的局面。

日常的工作中，事實上任何管理制度的出發點就是對人的懷疑，如果出於美好的願望，相信人都是自我管理的，就根本不需要管理了。自古以來，關於人性，就存在性善說與性惡說之爭，也就是儒法之爭。縱觀歷史，我們不難看出：相信人性本善的儒家從始祖孔子到王莽都沒有把國家治理好，倒是信奉嚴刑峻法的商鞅、諸葛亮等把國家治理得井井有條。現代管理理論中關於人性也有 X 理論和 Y 理論之說，對人性本身提出了不同看法。事實上在具體的管理實踐中，成功的企業對員工都有嚴格的監控考核體系。法國啟蒙思想家孟德斯鳩說過：「權力會滋生腐敗，絕對權力產生腐敗。」所以對於人才，既要大膽使用又要嚴密監控，否則，只會把信任變成放任，最終為企業帶來龐大的損失。

管理學上有一個墨菲定律值得每一個管理者注意，那就是凡是可能出錯的地方，如果不加防範，則必將出錯。在具體實踐中，管理者如何把握信任和懷疑的關係，是技術更是藝術。運乎之妙，存乎一心，二者的關係，有待每一位管理者精心把握。

5. 打破常規，靈活用人

管理者要想工作業績有重大突破，就應善於打破常規，擺脫框架的束縛，靈活用人。

管理的任務簡單的說，就是管人。用好人才能管好人。但用什麼人呢，所以找到合適的人，擺在合適的地方做一件事，然後鼓勵他們用自己的創意

完成手上的工作，這是根本，也是恰到好處的奧義所在。

　　成功的人往往是那些能夠擺脫框架的束縛，在工作中有所突破的人，這種人是各個公司都急於網羅的對象。

　　在一家公司裡，總經理總是對新來的員工強調一件事：「誰也不要走進8樓那個沒掛門牌的房間。」他沒有解釋原因，也沒有員工問為什麼，他們只是牢牢的記住了這個規定。

　　又有一批新員工來到公司，總經理重複了上面的規定。這次有個年輕人小聲嘀咕了一句：「為什麼？」

　　「不為什麼。」總經理滿臉嚴肅的說，依舊沒有任何解釋。

　　回到職位上，年輕人在思考著總經理的這個令人費解的規定，其他人勸他別瞎操心，遵守這個規定，做好自己的工作就行了，但年輕人卻執意要進入那個房間看個究竟。

　　他輕輕敲了一下門，沒有反應，再輕輕一推，虛掩的門開了，只見屋裡有一個紙牌，上面寫著 —— 把這個紙牌送給總經理。

　　聞知年輕人擅闖「禁區」的同事勸他趕緊把紙牌放回房間，他們會替他保密的，但年輕人拒絕了，他拿著紙牌走進了15樓總經理的辦公室。

　　當他把那個紙牌交到總經理手中時，總經理宣布了一項驚人的決定 ——「從現在起，你被任命為銷售部經理。」

　　「就因為我拿來了這個紙牌嗎？」年輕人詫異的問。

　　「對，等這一刻我已經等了快半年了，相信你能勝任這份工作。」總經理自信的說。

　　果然，銷售部在年輕人的帶領下，成績斐然。

　　這個例子說明勇於走進某些禁區，打破框架的束縛，敢為天下先，會尋找到意想不到的機會。因循守舊、維持現狀的人，過的只能是芸芸眾生的生活。

6. 取人之長，不求完人

金無足赤，人無完人。每個人身上都有些小毛病是在所難免的，管理者根本不應該對人才苛求完美，只要人才的缺點不傷大雅，就用不著過分計較。

秦朝末年，天下大亂，群雄紛起，逐鹿中原，其中最主要的有兩雄，即項羽和劉邦。本來，無論項羽與劉邦從哪方面比較，項羽都處於絕對優勢，結果竟是劉邦戰勝了項羽，勝利還鄉，高唱《大風歌》，而項羽則兵敗烏江，被圍垓下，至死不知自己為什麼會死？還說，「力拔山兮氣蓋世。此天亡我也，非戰之罪也。」本來是項強劉弱，最後是劉勝項敗，古往今來，史學家、小說家對此評價頗多，卻大都是隔靴搔癢，沒有說到點子上。究竟項強劉弱轉化為劉勝項敗最主要的原因是什麼？很簡單：劉邦有自知之明，知人之明，而項羽則既無自知之明，更無知人之明。

先說劉邦的高明，有一天劉邦正在軍營中洗腳，軍士傳報：營門外有儒生求見，劉邦要軍士告訴他，「現在是戰爭時期，不見知識分子。」不料，這位知識分子不經同意，直闖營門，衝著劉邦的面說：「你為什麼這樣輕視讀書人？」劉邦說：「天下可以從馬上得之，要讀書人做什麼？」這位讀書人當即反問他：「天下可以從馬上得之，天下也能從馬上治之嗎？」劉邦聽後，深受觸動，立即和顏悅色，向這位讀書人施禮道歉，並請他上座。還有，劉邦勝利之後，有一天問左右臣子：「你們直說，我為什麼能打敗項羽？」這些臣子只是說些拍馬奉承的話，劉邦聽後搖頭說：「我所以能打敗項羽，主要靠三位人才。」接著他又說：「出謀劃策，研究正確的作戰方針，保證打勝仗，我不如張良；制定典章法令，管理政務，籌集軍費糧草，我不如蕭何；身臨第一線帶兵打仗，做到戰必勝，攻必克，我不如韓信。此三人皆為人中豪傑，均能為我所用，這是我戰勝項羽的主要原因，而項羽只有一個范增也不能用，

所以他注定要滅亡。」

現在再說范增其人，范增也算得上是一位足智多謀的能人，他 70 歲投奔項羽，為項羽出了不少好點子，開始項羽對他還尊重，但在關鍵問題上他總是不採納范增的意見。在鴻門宴上，范增勸項羽除掉劉邦，項羽優柔寡斷，下不了決心，結果讓劉邦逃脫。又如，項羽打進咸陽以後，大燒大搶，當時范增和其他一些謀士力勸項羽在咸陽建立政治中心，進而統一天下，項羽拒不採納，並滑稽可笑的說：「做官發財之後，不回家鄉，好比穿著綢緞衣服黑夜走路，誰看得到？」因而一意孤行回到他的老家彭城即現在的徐州，建立西楚王朝，自稱西楚霸王，最後落得個灑淚別姬的下場。項羽不僅聽不進不同意見，甚至還把指出他缺點的人置於死地。

有個謀士，由於不滿項羽的無能，曾說：「楚人『沐猴而冠耳』」，意思是楚人如獼猴戴帽虛有其表。項羽聽到後，竟將此人放在火爐上活活烤死。而范增由於向項羽建議太多，使他感到很煩，從而對范增由信任到冷淡，最後竟懷疑范增內通劉邦，氣得范增辭職，中途生病致死。至此項羽離烏江的路程已經不遠了。

從古至今，在求全用「完人」的美名之下，不知埋沒了多少人才，也不知上演了多少扼殺人才的悲劇發生。

用「完人」既然不符合實際，諸葛擇才時過分嚴格拘謹，察人密之又密，待人嚴之又嚴，對於有一些缺點的雄才，諸葛過分苛求，所以因小失大。魏延有勇有謀，諸葛卻始終抓住其「不肯下人」的缺點不放，並懷疑其背反。從劉備在世時蜀國人才濟濟到諸葛武侯時的人才寥若晨星，可見諸葛在擇才上過分謹慎和苛求的嚴重缺點。

為何還有人總想用「完人」，苦心尋找「完人」呢？主要原因在於管理者在為企業用人時的主觀標準。那些管理者所追求的「完人」裡上是「聽話、順從」的人，叫他做什麼就做什麼，讓他往東他不敢往西的這種人，說是「完

人」不如說是庸人，多半是無能之輩。「完人」才，庸人也。如果管理者能夠為企業用這樣的「完」人，那麼這個企業面臨的將是無望的後果。

管理者所選人才最根本的職能是為企業創造價值，既然如此，首先就應該注意人才能為企業貢獻什麼，過分注意人才不能做什麼，這樣只會打擊他們的自信心，那麼，他自身的才能也不會發揮出多大的作用。管理者只想著人才的缺點，這樣，企業的發展就會受挫。

管理者的管理成功之道，不能注重人才身上的某一點缺點，而要注重怎樣才能讓人才在最大程度上把優點發揮出來。如今的管理學主要主張對人才實行「功能」分析：「能」，是指一個人能力的強弱，長處短處的綜合；「功」，是指這些能力是否可轉化為工作成果。由此可見，企業管理者寧可為企業使用有缺點的能人，也不能使用沒有缺點的平庸的「完人」。

如果管理者也像劉邦、項羽一樣，那麼識人的這個管理者肯定會在一定程度得到很大收穫，而失人的那個管理者雖然不會給企業帶來很大的災難，但肯定不會給企業帶來好處。

7. 量才而用 —— 一切忌小材大用

「然則函牛之鼎，不可處以烹雞；捕鼠之狸，不可使以搏獸；一鈞之器，不能容以江漢之流；百石之車，不可滿以斗筲之粟。何則？大非小之量，輕非重之宜。」因此，管理者必須做到恰當使用人才，一定得視能授權，做到職能相稱，既防止大材小用，又能避免小材大用。

企業管理者在用人之初，大材小用是企業管理者謹慎管理的一個策略，未必會給企業帶來損失，一個精明的管理者是不會長久的埋沒人才，對真正的「千里馬」必將委以重任。而小材大用卻是企業管理者的一個大忌。

從夏朝開始，君主世襲制度確立，一直延續到清朝滅亡。曾造就了一大

批昏庸無能，執掌權柄的昏君。劉備的兒子劉禪就是一例。綜觀劉禪的品行，根本就沒有能力擔負最高統治者的大任，這一點劉備最清楚，諸葛亮也不是不知道。然而由於君主世襲的觀念根深蒂固，劉備死後，劉禪順理成章當上了蜀國的皇帝。諸葛亮雖然握有重權，但皇位上坐著的畢竟是另外一個人，諸葛亮的治國治軍活動受到了無形的限制，難以充分施展才幹。由於諸葛亮的輔佐，劉禪的昏庸給蜀國帶來的危害尚有一定限度，諸葛亮死後，才智低下的劉禪寵信宦官黃皓，把井井有條的蜀國搞得亂七八糟，最終導致亡國。

在現代社會中，小材大用的現象也很普遍。論資排輩、任人唯親等觀念經常在一些人頭腦中作怪，有些管理者缺乏對下屬的了解，僅憑片面印象用人。於是，一些無德、無才、無智、無勇的庸人時或被推上重要職位，濫竽充數，貽誤了事業。

曾經盛極一時的美國王安電腦公司也出現了倒閉的慘局。造成這一局面的首要原因就是用人不當——小材大用。1986 年，由於身體狀況欠佳和受濃重的「傳子」意識影響，王安將公司交給了自己的兒子王列執掌。儘管王安深知王列才能幹庸，但還是希望他的兒子在鍛鍊中成長起來。當 36 歲的王列首次以主席身分主持董事局會議時，他根本不知道公司發生了什麼事情。此時公司已經出現財政危機，而他還大談如何改進管理，令董事局對他大失信心。數名多年追隨王安的老職員也因此而辭職，使公司組織元氣大傷。兩年之後，公司財政狀況越來越惡化，出現了嚴重的虧損，成為王安電腦公司走向衰敗的轉捩點。

如今的企業管理有一條重要的原理，就是「能級原理」。這個原理就是告訴管理者，在管理過程中，人員和制度都有個能量問題，能量大了可以運用的本領也大、作用大。既然能量有大小之分，那麼就應該進行分組。先穩定充滿活力的下屬，應當是多層次的開放。管理者應當遵循這個原則，就是把

不同能力的人才，分配到不同等級的職位上，並讓他們承擔相應的責任，賦予相應的權力，享受到相應的物質利益和精神榮譽，各得其所，各謀其政，各掌其權，各負其責，各取其酬，各享其榮。

管理者應該注意的是：能力是個動態的概念。一個人能力的大小決定於知識的累積，實踐的深度、廣度以及主觀能力發揮的程度。社會實踐的需要、教育培訓、刻苦自學等，都能使一個人的能力獲得明顯的提高。

能級、能質與職位要求對應的原則，從理論上講並不艱深難懂，但操作起來確也不是輕而易舉的。為力求避免小材大用現象發生，在選人用人時，應注意以下兩點：

(1) 對人才的能級、能質作客觀的、綜合的考察衡量一個人才是否堪當重任，不能戴著有色眼鏡，也不能依據一時的、片面的印象。有些企業和部門不惜金錢和時間，精心設計了一套程序，用於對人才進行全面、客觀的記錄、測試和考核。有的學者提出，在了解人才系統中各個層次、各個職位對人才能級、能質的需求之後，要想做到量才適用，就應給予測試對象一個機會，看其是喜歡解決難題還是喜歡解決容易的問題，從中了解測試對象的智慧、信心、經驗及才能和與人相處的方法。這樣做可以節省時間和資金。

(2) 人才的能級、能質與職位是動態對應的

因為人才的情況在變化。要允許人才流動，能上能下。此外，要使職位能級要求略高於人才的能級水準，這樣才具有挑戰性，催人奮進，發揮人的最大潛能，促進人才的成長。

8. 三個臭皮匠，賽過諸葛亮 —— 科學匹配的神奇效應

民間有這樣一條諺語：「三個臭皮匠，賽過諸葛亮。」反映了人才整體匹配的重要性。

　　《三國演義》中描寫了這方面一個出色的例子，那就是張遼、李典、樂進三人同心協力守合肥、張遼威震逍遙津這次奮鬥，據書中第67回記述，曹操派人把一個木匣送到合肥前線，上面寫道：「賊來乃發。」當孫權率十萬大軍來攻合肥時，張遼等人開匣觀看。書中指出：「若孫權至，張、李二將軍出戰，樂將軍守城。」當時曹操遠在千萬里之外的漢中，為什麼要送個木匣，對守衛合肥做出如此具體的安排？這會不會脫離實際？曹操極善用兵，為什麼要違背「將在外，君命有所不受」的軍事原則？這樣會不會影響指揮？其實不然。以後的情節發展令人信服的說明，曹操這樣做，正是從實際出發，目的在於促成張、李、樂三人性格互補，以便團結對敵，謀求最佳的整體效應。因為他清楚的了解三位將軍的作戰能力、用兵特點、性格修養，並且知道三個人平時有些隔閡，預料到大敵當前，三個人難以形成統一的決策，更無法協同作戰，發揮各自的特長。張遼堅決執行曹操以攻為守的指令，表示自己親自出擊，和敵人「決一死戰」；展示了廣闊的胸懷和豪邁的氣概；李典「素與張遼不睦」，對於張遼提出的建議，起初「默然不答」，後為張遼的行為所感動，立即表示「願聽指揮」，反映了公而忘私、勇於捐棄前嫌，豪爽直率的性格；樂進是個中間人物，態度模稜兩可，對張、李二人都不敢得罪，並有些怯戰。由於張遼的模範行為，使三個人的隔閡頓時冰消瓦解，在危急關頭戮力同心，把不可一世的吳軍打得七零八亂，一戰令「江南人人害怕，聞張遼大名，小兒也不敢夜啼」。曹操遠征漢中，為什麼讓「素皆不睦」的三位將軍孤零零去守合肥？後人有個叫孫盛的對此做過很好的解釋，他認為：「夫兵，詭道也。至於合肥之守，懸弱無援，專任勇者，則好戰生患；專任弱者，則懼心難保。」可見，曹操一開始就匠心獨運，巧用張、李、樂三人，以便他們性格上取長補短，甚至有意利用他們的不和，防止一人說話，大家通過，貿然決策。到了危急時刻，曹操以一道指令，促成他們團結，

形成一個最佳的指揮結構。由此可以看到曹操擇人任勢的高超藝術。《三國演義》裡的戰例，現代化管理學的理論，都告訴我們：合理的人才匹配可以使人才個體在總體協調下釋放出最大的能量，從而產生良好的組織效應。一個組織的效能，固然決定於人才因數的素養，更有賴於人才整體結構的合理。結構的殘缺，會影響組織的運轉；能力的多餘或互不協調會增加內耗。合理的人才結構，不僅可以實現「湊」，即能力的簡單相加和集中，造成眾志成城的宏偉景象，更重要的是能夠使人才因數各揚其長，互補其短，發生質的飛躍，誕生一種「團體力」，一種超過個人能力總和的新的合力。這是一項不需要新的投資，僅僅透過優化組合就能獲得的龐大效益，是合理使用人才的一個重要方面。劉備在得到諸葛亮之前；雖然武相關羽、張飛、趙雲等一流人物，但不成氣候，其原因司馬懿說得好：「關，張、趙雲，皆萬人敵，惜無善用之人。」就是缺少個決策，謀劃高手。漢高祖劉邦之所以得了天下，因為在他的領導團隊中，既有善於決策謀劃的張良，又有善於安邦治國的蕭何，還有善於帶兵打仗的韓信。正如唐朝詩人劉禹錫寫下的：「桃紅李白皆誇好，須得垂楊相發揮」（《楊柳枝詞九首》），人才正是在交相輝映中閃現出更加奪目的光彩。

年齡匹配：年齡匹配是人才整體結構中的一個重要方面，它要求按照老，中，青的一定比例，合理組織人才團隊，形成梯隊，取長補短，發揮各自的作用，使一個企業既能繼承，又能創新，持續穩步的向前發展。

知識匹配：知識匹配是指具有不同專業知識的人才，互相結合，互相合作，去實現組織目標。現代企業的生產、經營、技術等工作都是一個複雜的系統。技術的進步，產品的開發，市場的競爭，都需要多種知識的橫向綜合，而任何個人都不可能掌握眾多的科學技術知識和生產技能，因而需要不專業人員的通力合作。

能力匹配：能力匹配是指不同能力的人應該有個合理的結構。前面

曾經講過，人的能力有類型和大小等差異，一個充滿活力的企業，要有精明的決策者，高超的組織者，踏實的執行者，機靈的回饋者，冷靜的諮詢者，廉明的監督者，做到「八仙過海，各顯其能」。在考慮能力結構時，除了重視學歷外，更要考慮一個人的實際水準和工作能力。

氣質匹配：氣質是指一個人的「脾氣」，「性格」等。在一個合理的人才族群結構中，人才個體的氣質應該是互補和協調的。俗語說「一個神一個像，一個人一個樣」，人的氣質是豐富多彩的。在企業中，有的人外向，有的人內向；有的人潑辣，有的人寧靜；有的人健談，有的人寡言；有的人急躁，有的人溫和；有的人風度翩翩，有的人不修邊幅。因此，管理者在考慮人才配置時，一定要注意氣質互補，就好比讓湖海去吸收驕陽的燥熱，讓火焰去熔化冷硬的冰塊，讓砂石發揮摻離的作用，讓粘土去增強泥漿的粘度。

9. 水至清則無魚，人至察則無徒

鄭板橋曾經說過，在通往佛殿的小徑上，既有鮮花又有毒草。可見佛能包容毒草。又說，蘭草因為有了荊棘的護衛，生長得越發旺盛。這蘭草就是君子，荊棘就是小人，君子離不開小人的滋潤，他能容納小人，因此他才成為了君子。為人處世，如果以嚴厲的態度對待別人，就會招致別人的怨恨，引來不滿。這樣，於人於己都不利，何苦呢？相反，求大同，存小異，才是明智之舉。

管理者在處理下屬工作中出現的問題時，不要一味強調細枝末節、以偏概全。在用人時，應「求同存異」，不要老盯著別人的缺點不放，那樣的話，沒有人會為你努力工作的。

如果你總是想方設法去對付手下人的弱點，結果必然使公司的目的成為泡影。公司是一種特殊的工具，可以用以發揮人的長處，並消除和減弱因人

的弱點所造成的不利影響。當然，能力特別強的人，是不需要也不想受公司一系列規章制度約束的，因為他們認為靠自我管理會工作得更好。至於我們中的大多數人，光靠自己搭不成一個讓自己的才能充分發揮出來的平臺的，單打獨鬥也是不可能獲得多大成就的。可是，雖然我們的能力有限，但一家好公司卻足以讓我們的能力得到充分發揮而且讓我們更有成效。有一句俗語：「你想僱用一個人的『手』，而他總是『整個人』一起來的。」同樣的，一個人不可能只有長處而設有弱點。弱點總是會隨著人的長處一起來到你的公司。

但是我們可以來建造一個用人體系，這個體系可以使人的弱點看起來只不過是這家公司工作和成就的表面瑕疵而已。換句話說，籌劃一個用人體系，關鍵問題是要著眼於用人的長處。

一位優秀的會計師，在他開業時可能會因為他不善於與人相處而受到挫折。但在一家公司裡，他就關在自己的辦公室裡，不用與他人直接接觸，可以讓他的長處得到發揮而他的弱點則變得無關緊要。同樣道理，一個小個體戶可能會因為只擅長於財務不懂行銷而陷入困境，但是在一個較大的企業中，一個人只擅長財務也能夠很容易成為具有生產力的員工。

有成效的管理者不會對人的弱點視而不見。當他明白有責任使某人充分發揮會計的才幹時，他並不是沒有看到這個會計不善與人相處的弱點。當然，他不會冒然任命這個會計做經理，因為公司裡還有其他和人相處得很好的管理者。但畢竟第一流的會計還是不可多得的。所以，對企業來說，這個會計能做什麼是最重要的，而不能做什麼，只是受他個人條件所限，這對企業本身的整體目標來說是沒什麼關係的，幾乎是忽略不計的。

第八章
用人不疑，用他就要相信他

　　信任是用人的第一標準。用人不疑，疑人不用。既然你選擇了他，便不應懷疑，不應處處不放心；既然你懷疑他，你便不要用他好了。用而懷疑，實際上是最失策的。

1. 播種信任，換取忠誠

　　現在，國外一些企業非常強調「面向人，重視人」的管理。這種管理的關鍵是對下屬的信任。人性有其共同的特點，就是希望使自己成為重要的人物，得到組織的承認和重視。基於這一點，在管理中充分的信任下屬，使之時時刻刻感覺到自己在受上司的重視，無疑是對下屬的激勵和鞭策。美國坦登電腦公司董事長詹姆斯・特雷比格說過：「我們的出發點是，雇員都是成人，不是孩子。」可以說，信任就是力量，信任會給事業帶來龐大的成功。

　　1926 年，松下電器公司首先在金澤市設立了營業所。金澤這個地方，松下從沒去過。但是經過多方面的考察，覺得無論如何必須在金澤成立一個營業所。這時候發生了一個問題，就是到底應該派誰主持呢？誰最合適？有能力去主持這個新營業所的高級主管，為數倒不少。但是，這些老資格的人卻必須留在總公司工作。這些人如果有人要是離開總公司，那麼總公司的業務勢必受到影響。所以，這些人不能派往金澤。於是，問題便是應該怎麼辦？

　　這時候，松下忽然想起一個年輕的業務員，這個人的年紀剛滿 20 歲。如果說年輕這一點是問題，不錯，的確是個問題。但是，他認為不可能因為年輕就做不好。

於是，松下決定委派這個年輕的業務員擔任設立金澤營業所的負責人。松下把他找來，對他說：「這次公司決定，在金澤設立一個營業所，我希望你去主持。現在你就立刻去金澤，找個合適的地方，租下房子，設立一個營業所。我先準備了 300 萬元資金，你拿去進行這項工作好了。」

　　聽了松下這番話，這個年輕的業務員大吃一驚。他驚訝的說：「這麼重要的職務，我恐怕不能勝任。我進入公司還不到兩年，等於只是個新進的小職員。年紀也才 20 出頭，又沒有什麼經驗……」他臉上的表情好像有些不安。進入公司才邁入第二年的一個小職員突然奉命在金澤設立一個營業所，也難怪他會感到困惑。可是松下對他有信賴感。所以，他以幾乎命令的口吻對他說：「你沒有做不到的事，你一定能夠做到的。想想看戰國時代，像另藤清正、福島正則這些武將，都在十幾歲的時候就非常活躍了。他們都在年輕的時候就擁有自己的城堡，統率部下，治理領地老百姓。明治維新的志士們不都也是年輕人嗎？他們在國家艱難的時候能挺身而出，建立了新的日本。你已經超過 20 歲了，不可能做不到。放心，你可以做到的。」松下說了很多鼓勵的話。過了一會兒，這個年輕的職員便斷然的說：「我明白了，讓我去做吧。承蒙您給我這個機會，實在光榮之至，我會好好的去做。」他臉上的神色和剛才判若兩人，顯出很感激的樣子。所以松下也高興的說：「好，那就請你好好去做。」就這樣，松下派遣他到金澤。

　　這個年輕職員一到金澤，立即展開活動。他幾乎每天都寫信給松下。

　　他在信中告訴他，正在尋找可以做生意的房子，然後又寫信說房子已經找到，像這樣，把進展情形一一寫信告訴松下。沒過多久，籌備工作就已經就緒了，於是松下又從大阪派去兩三個職員，開設了營業所。

　　由此可以看出，信任能給管理者帶來一系列益處：

　　信任可以增強下屬的責任感。作為經營者，只有對下屬充分信任，以信任感激勵下屬的使命感，下屬才能更加自覺意識到自己工作的重要性，才能

在工作中盡職盡責。

信任可以增強下屬的主動進取精神。《尋求優勢》一書中有這樣一句話：「實際上，沒有什麼東西比感到人們需要自己更能激發熱情。」信任就意味著放權，經營者因信任下屬，也就勇於放權，下屬得到了工作的主動權，就能放開手腳，積極大膽的進行工作，有所發明，有所創造。

信任可以使人才脫穎而出。人才的成長不僅在於他內在的素養，也依賴於外在的條件，「時勢造英雄」這句話充分說明了環境條件在人才成長中的重要性。下屬一旦受到上司的信任，就會產生一種自我表現的強烈欲望，充分激發自身的潛能，把工作做得好上加好，以贏得上司更大的信任。因此，選拔與重用是加速人才成長的重要途徑。如果劉備不是對諸葛亮大膽放手，充分信任，諸葛亮也不會創造出博望燒屯、白河用水、智取三郡、以法治蜀等種種赫赫事蹟，而成為名垂千古的政治家、軍事家。

信任可以留住人才。組織與組織之間的人員流動是正常的和不可避免的，但人才的流失，對組織是有害的。信任是經營者的良好品格，會像磁石一樣吸引住人才：猜忌、多疑則是一種病態心理，最容易導致人才的流失。充分信任下屬的經營者，無疑的也會被下屬所信任，並能給人以淳樸敦厚，可親可敬的感覺。凡事從大處著眼，對下屬不斤斤計較，尊重下屬，下屬才能全力以赴為組織效力。

所以說，用人最重要的技巧就是信任和大膽委任工作。通常，一個受上司信任、能放手做事的人都會負有較高的責任感。所以上司無論交代什麼事，他都會全力以赴。相反，如果上司不信任自己的下屬，動不動就下達各種指示，使下屬覺得自己只是一部奉命行事的機器，事情的成敗與他毫無關係。

2. 尊重是獲取信任的前提

　　人都有受人尊重的需求，特別是知識分子尤甚。古代士大夫的最高理想，常常不是為王為帝，而是為「王者之師」，受人尊重是他們的優勢精神需要之一。馬逢伯樂而嘶，人遇知己而死，正是要報知遇之恩。因此，對待賢能只有做到心誠、禮敬、意專、言聽計從，才能用得住，使得起，使之心情舒暢，充分發揮其作用。如果以權勢壓人，頤指氣使，必然失掉人才。三國時代的傑出統治者，都很注意禮賢下士，做到了待之如上賓，「任賢如事師」（《樊川文集‧雪中書懷》）。劉備要第三次去請孔明，關羽、張飛不高興。關羽認為「其禮太過」，張飛乾脆說用一條麻繩把諸葛亮捆來。劉備呵斥他們說：「汝豈不聞周文王謁姜子牙之事乎？文王且如此敬賢，汝何太無禮！」三人離茅廬還有半里之遙，劉備便下馬步行。來到諸葛亮家裡，恰逢諸葛亮正高臥草堂，劉備不讓通報，恭恭敬敬在階前站立了半晌又一個時辰，直到諸葛亮醒來。正是：「不是虛心豈得賢？」（王安石《諸葛武侯》）得到諸葛亮之後；他「以師禮事之」，認為「我得孔明，猶魚之得水也。」說道：「孔明是吾之師，頃刻不可相離。」臨死托孤，甚至叫三個兒子「以父事丞相」。這些所作所為，使諸葛亮感銘肺腑，覺得「雖肝腦塗地，安能報知遇之恩也。」

　　諸葛亮對蜀劉政權的忠心耿耿和「鞠躬盡瘁，死而後已」的精神，傳誦千古，感人淚下，其實，首先是由於劉備的愛才、尊才和善於用才。只因劉備「三顧頻繁天下計」和「托孤既盡殷勤禮」，才有諸葛亮的「兩朝開濟老臣心」和「報國還傾忠義心」。他們兩人可謂君臣相得，珠聯璧合。

　　東吳的孫氏家族也很注意尊重賢能。吳國太臨死囑咐孫權：「汝事於布、公理當以師傅之禮，不可怠慢。」孫權在合肥，聽說魯肅來到，「下馬立侍之」、「請肅上馬，並轡而行」。曹操聽說許攸來投，竟顧不得穿鞋，跑出來

迎接，到了寨中，自己先拜於地。司徒王允為用歌妓貂蟬，也對之「叩頭便拜」，貂蟬為之感動，表示「萬死不辭」甘願犧牲自己，去離間董卓和呂布。尊重人才，不僅表現在充分肯定其才能和待之以禮，關鍵在於尊重其意見，採納其建議。

呂布被圍下邳，陳宮建議他帶一部分軍隊駐紮城外，以成「犄角之勢」，他回答：「公言極是。」陳官又建議他引精兵斷曹軍糧道，他也「然其言」，但就是不做。因為對他來說，妻妾的幾滴眼淚比陳宮的建議還要重要，結果束手就擒。霸王項羽，雖然口中稱呼范增為「亞父」，可就是不聽其計，氣得范增棄他而去。

因此，尊重人才的實質是尊重他們的意見，使其自身價值的到認可和肯定，從而對管理者產生信賴感，充分激發工作的積極性與創造性，使其才能充分展現出來。

3. 信人要有寬廣的胸懷

寬容，是激勵的重要手段。管理者的寬容品格能給予部下以良好的心理影響，使部下感到親切、溫暖、友好，獲得心理上的安全感，從而放開手腳進行工作。古語日：「水至清則無魚，人至察則無徒。」一個管理者只有具備「海納百川有容乃大」的恢弘氣度，才能團結一切可以團結的力量，激發一切可以激發的積極因素，發揮人才最大的效能，為實現組織的目標而共同奮鬥。

據《三國志‧周瑜傳》及其注引，歷史上的周瑜「性度恢廓，大率為得人。」即心胸廣闊，很能容人。那位自恃資深功大的程普，起初瞧不起周瑜，甚至「數凌侮瑜、瑜折節容下，終不與校」，終於感動了程普。程普以後非常敬重和欽服周瑜，告訴別人說：「與周

公瑾交，若飲醇醪，不覺自醉。」年紀輕輕的周瑜能如架海擎天的玉柱，功垂史冊，與他政治家的胸襟有很大關係。一個企業的管理者，如能有周瑜一樣的寬容精神，那會如美酒醉人心田，必將極大提高企業的心理相容水準，使部下獲得發揮才能的最佳心理狀態。培養自己的寬容品質，可以從以下一些方面努力。

一、出以公心，不計較個人的得失榮辱

曹操與張繡曾數次交戰，曹操的長子曹昂，姪子曹安民，特別是大將典韋，都死於曹、張兩人的一次奮鬥中。應該說兩人結怨甚深。後來，經賈詡勸導，張繡去投曹操，曹操不但不記前嫌，反而熱誠歡迎，握手言歡，還拜張繡為揚武將軍，充分表現了他寬廣的政治家胸懷。張繡後來果然為曹操立下大功。《三國演義》還記敘了頗有見地的李儒勸說董卓的故事。當董卓見到呂布調戲貂蟬，勃然大怒，要殺呂布。李儒舉了楚莊王「絕纓會」的故事，勸說董卓。據史書記載，周定王元年，楚莊王平定了一場內亂，於是大宴群臣。忽然一陣輕風吹滅了燈燭，一人趁黑拉著莊王愛姬的衣袖調情。愛姬嗔怪，順手扯下那人的帽纓，告訴莊王，要求追查。莊王不但沒有追究，反而哈哈大笑，令眾人都把帽纓扯下，然後重新點燈，大家盡情暢飲。後來，在一次戰鬥中有個人英勇殺敵，立下大功，此人正是當初被莊王原諒的那位武將。正如有首古詩讚嘆的：「暗中牽袂醉情中，玉手如風已絕纓。盡說君王江海量，畜魚水忌十分清。」董卓經李儒提醒，雖然覺得有理，但到底醋勁不減，容不得呂布，捨不得貂蟬，把關係搞得很緊張，結果終於被呂布殺死。由此可以說明，不計較個人的得失榮辱，一個人的胸懷就會豁然開朗，像江河衝出狹穀進入大地，激蕩咆哮一變而為坦然平靜，以它那甘柔的汁液，滋潤一草一木。

二、善於進行心理位置交換

即在處理人際關係時，努力站在對方的立場上，設身處地，將心比心。俗話說，人同此心，心同此理。進行心理位置對換，就能理解和體諒別人。官渡之戰結束後，曹操從袁紹的圖書案卷中檢出一束書信，都是許都和曹軍中暗通袁紹的書信，有人建議：「可逐一點對姓名，收而殺之。」如果曹操照此辦理，則人人自危，曹操的陣營頃刻便可能瓦解。聰明的曹操非但沒有嚴肅追查，反而解釋道：「當紹之強，孤亦不能自保，況他人乎？」遂令把密信付之一炬。這一英明處理，必然使許多人吊著的心頓時踏實，從此心懷慚疚，感恩戴德，更加忠誠追隨曹操。

三、嚴於自責

寬於待人，嚴於自責，則別人的缺點在自己的心中就會縮小，對別人的缺點錯誤就不會耿耿於懷。

蔣琬是諸葛亮選中的接班人。史書記載，他不計個人榮辱得失，待人、辦事公道，很能容人。有一次督農官楊敏在背後說他：「辦事糊塗，不及前人（指諸葛亮）」，便有「傳聲筒」轉告了蔣琬，還乘機煽風，慫恿懲罰楊敏。蔣琬卻說：「我確實不如前人，不要計較這件事情。」在這裡，如果蔣琬用放大鏡看待自己的能耐，用顯微鏡看待楊敏的議論，那事情就會沒完沒了，必然湧起一場迫害別人的軒然大波。

四、不聽流言蜚語

人才常常在形勢的危急關頭挺身而出，在時代的風口浪尖嶄露頭角，在社會變革的洪流中顯示才華，因此他們最容易首當其衝，招致各式各樣的非議。還有的人很注意利用人才不可避免的短處和錯誤，藉機發難，大做文章。古往今來不知有多少人才跌落和葬身在流言蜚語的罪惡深淵之中。「翻車倒蓋猶堪出，未似是非唇舌危。」流言比置人死地的橫禍還要可怕。因此，

作為一個管理者，不輕信流言常常是容才、護才的前提。

當曹操南征張繡兵敗奔跑時，夏侯惇所領的曹操嫡系部隊青州兵「乘勢下鄉，劫掠民家」。於禁在這慌亂時刻果斷命令本部軍隊沿途剿殺青州兵，以安撫鄉民。青州兵倒打一耙，迎上曹操哭著拜在地上，聲言於禁造反，曹操聽後，整理部隊，迎了上去。於禁見曹操帶諸將到來，不是先去分辨，而是射住陣腳，安營立寨。因為他認為「分辨事小，退敵事大」，張繡兵馬追到，若沒準備，無法拒敵。果然，剛剛安營完畢，張繡兩路大軍殺到，於禁一馬當先出寨迎敵，殺退追兵，並且追殺一百多裡，反敗為勝。事後，於禁向曹操稟明情況，曹操很是感動，又是稱讚，又是獎賞，又是封侯。曹操在此聽到流言蜚語，雖心有驚慮，但並未貿然確信，事後又能問明情況，賞罰分明，值得人們引以為訓。

五、合理要求部屬

孔子曾主張「尊五美，屏四惡」，所謂「四惡」，他老先生解釋道：「不教而殺謂之虐；不戒視成謂之暴；慢令致期謂之賊；猶之與人也，出入（即出納）之吝謂之有司。」大意是說：不進行事先教育而只知道處死，叫做殘虐；平素不加督促而臨時要看成績，叫做粗暴；開始不抓緊而突然提出限期，叫做奸詭；給人財物不要像小氣的管事出手吝嗇。這裡強調的是平時加強教育，要求嚴格合理。如果反其道而行之，人們自然會差錯迭出，防不勝防。這無異於置人於被動境地。至於《三國演義》中的周瑜，限定諸葛亮三日裡造出十萬支箭來，主觀動機就是為了藉機除掉別人，那更是管理工作中所絕對不能允許的。寬容不僅是指缺點，更包括失敗。勝利常常和創新並存，成功多半和冒險同在。創新便要研究新事物，解決新命題；冒險就需要在荒野上踏出一條路來。但普天之下，從古到今，沒有這樣的聖人：對於新事物、新問題一目了然，

駕馭自如；而在荒原上探險，失足跌跤在所難免。正是從這個角度講，「容忍失敗」是管理者必須具備的品格。

4. 用人不疑，疑人不用

愛迪生說：「你信任人，人才對你真實，以偉人的風度待人，人才表現出偉人的風度。」

諸葛亮被劉備請出茅廬時，年僅 27 歲，劉備對他以師禮相待。關羽、張飛的年輩長於諸葛亮，追隨劉備多年，勞苦功高，兩人對劉備如此重視諸葛亮，很不理解，說：「孔明年幼，有甚才學？兄長待之太過，又未見他真實效驗。」劉備卻說：「吾得孔明，猶魚之得水也。」劉備對諸葛亮如此重視，當然不是沒有根據的，他在隆中對策中已經覺察到了諸葛亮的經天緯地之才，因此才給予他以極大的信任和權力。正因為這樣，諸葛亮才得心應手的指揮全軍人馬，懾服居功自傲的關羽、張飛，充分發揮了自己的卓越才能。對劉備的知遇之恩，諸葛亮刻骨銘心，在輔佐後主劉禪的生涯中，傾心竭力，無私奉獻，鞠躬盡瘁，死而後已，為蜀國後期的生存和發展耗盡了畢生的精力。

用人不疑是用人的一個重要原則。

當然這個「不疑」是建立在自己擇用人才之前的判定、考核的基礎上。不用則罷，既用之則信任之。管理者只有充分信任部屬，大膽放手讓其工作，才能使下屬產生強烈的責任感和自信心，從而煥發下屬的積極性、主動性和創造性。所以說，一旦決定某人擔任某一方面的負責人後，信任即是一種有力的激勵手段，其作用是強大的。

試想一下，使用別人，又懷疑他，對其不放心，是一種什麼局面：試想一下，在你的公司裡，如果下屬得不到你起碼的信任，其精神狀態、工作幹

勁會怎樣。假如你的公司職員情緒欠佳，精神沉鬱，怨懟叢生，上下級關係怎麼能融洽。這種彼此生疑生怨的狀況，常是導致企業癱瘓的主要原因。

信任你的下屬，實際上也是對下屬的愛護和支持。古人云：「木秀於林，風必摧之。」特別是對於擔當生產、銷售、試驗、拓展、探索者角色的下屬而言，容易受人非議、蒙受一些流言蜚語的攻擊，那些勇於指出管理者錯誤，提建議、意見的，那些工作勤勉努力犯了錯誤並努力改正的，管理者的信任是其量後的精神支柱，柱倒而屋傾，在這種狀態下，管理者切不可輕易動搖對他們的信任。

企業老闆對下屬信任的同時，對待下屬一定要坦誠。如果出現變故及不利因素，有話要當面說，不要在背後議論下屬的短處，對下屬的誤解應及時消除，以免累積成真，積重難返。有了錯誤要指出來，是幫助式的而不是非難指責式的，相信你的下屬不是傻子，好意歹意心中自明。總之，與下屬經常保持交流是非常重要的。

說到信任問題，其實它是兩個彼此相處的人應該具有的一個基本的和必要的要素。兩個陌生的人在一起，彼此防範，沒有什麼信任可言。而一旦人們透過某種管道互相認識熟悉後，彼此渴望的就是一種信任。互相看不慣的人很難有信任可言，嫌隙的存在是關係惡化的起端，離自己越近越親的人，你應該給他越多的信任。對朋友應該推心置腹。在一個企業裡，副經理、部門經理之於總經理，一般職員之於部門主管，可稱為手足或臂膀，理應得到很多的信任。如果你不給他們或給他們的信任不夠多，都會影響到他們的工作。在家庭生活中也是這樣，夫妻關係應該說是再好不過了，但如果你不給對方最多的、最大限度的信任，家庭生活也不會和睦。

要謹慎對待各方面的反映，不因少數人的流言蜚語而左右搖擺，不因下屬的小節而止信生疑，更不宜捕風捉影、無端懷疑。而且在信任的程度上，也應該是離自己最近的、最親的，給他們以更多的信任，更廣泛的更高

的信任。

當然，信任要看對象，不能對什麼人都深信不疑。信任是有條件的，這條件可歸結為兩點：一足下屬的德，二是下屬的才。

德與才可根據不同的情況有所側重，也可以根據不同情況對德才的外延作適當調整，但二者不可偏廢。多疑固然是管理者的致命弱點，但也不能不加分析，全部都深信不疑。下屬做某件事是否盡職，擔任某個職務是否稱職，都要深入進行考察。要實事求是的信，實事求是的疑。當信則信，當疑則疑。

5. 用兵命將，以信為本

一言既出，駟馬難追。聖人接觸別人，小心言行，不為防人，為防口。人之口舌軟而無視，人與人之間，舌之作用可當得半個人。身處高位的人，一咳嗽一眨眼都會引起下屬的注意。

五出祁山時，諸葛亮鑑於前幾次出祁山所導致的久戰兵疲，採納了長史楊儀的建議，把兵力分為兩部分，輪番出擊。第一批兵力率先出征，過了一百天再由第二批兵力替回，第二批兵力出征百天後，再由經過休整的第一批兵力替回，如此循證了軍隊士氣的持久。為使輪番出擊的戰術得以順利實施，諸葛亮明令規定：「違限者按軍法處治」。

兵出祁山后，後方糧草屢摧不到，營中缺糧。諸葛亮攻下鹵城後施計搶割隴上麥，用來補充軍糧。然後，又在鹵城外設下伏兵，擊敗魏軍的偷襲。司馬懿發檄文徵調雍、涼二州的 20 萬人馬前來助戰。此時，蜀兵輪換期已到，後方漢中的兵馬已經出了川口，送來公文，只待會兵交換，諸葛亮傳令前線軍兵返回後方，征戰百日的士兵們各個收拾行裝，準備歸程。

正在這時，孔禮引領的雍、涼人馬 20 萬已經來到，與郭淮會合，去攻

襲劍閣，企圖截斷蜀兵的歸路。司馬懿親自率兵攻打鹵城。蜀兵聽後都很驚恐，形勢危急。楊儀建議諸葛亮變通一下，先留下舊兵退敵，待新兵來到再換班。諸葛亮說：「不可。吾用兵命將，以信為本。既令在先豈可失信？且蜀兵應去者，皆準備歸計，其父母妻子依扉而望；吾今便有大難絕不留他。」隨即傳令歸兵當日起程。眾軍士得知，萬分感激，異口同聲大呼：「丞相如此施恩於眾，我等願且不回，各舍一命，大殺魏兵，以報丞相！」諸葛亮對眾軍兵說：「爾等該還家，豈可複留於此？」軍兵們卻執意要出戰，不願回家。諸葛亮下令人馬出城列陣，西涼兵馬長途遠征，人睏馬乏，剛要安營，蜀兵一齊殺出，人人奮勇，將銳兵驍，殺得魏兵「屍橫遍野，血流成河」。

為人處事講究信用，是傳統的人倫道德標準。儒家所宣導的「五常」，即仁、義、禮、智、信，就有守信的內容。《孫子兵法》的開篇提出為將之道的「五德」即智、信、仁、勇、嚴，把「信」當做將帥必須具備的品德。值得注意的是，儒家的「五常」，足就普通人而言，「信」排在末位，而孫子的「五德」卻將「信」排在第二位，也就是說，守信對於帶兵打仗的將帥來說，更為重要。諸葛亮在危難的情況下，仍然遵守「用兵命將，以信為本」的信條，正是因為他把信用看得十分重要。作為管理者，在實施管理的全部過程中，應該始終堅持「以信為本」，「言必信，行必果」，做到「一言既出，駟馬難追」。這是因為將帥不同於士兵，管理者不同於普通下屬，能否守信不僅關係到管理者自身，還關係到管理者所轄族群組織的生存和發展。

諸葛亮在危難之際，仍然堅守事先的諾言，命令軍兵撤回後方，他的舉動所得到的回應，是軍兵士氣陡生，願意留下死戰。從這裡我們可以看到，信用對於管理者來說，有一種不可替代的激勵下屬的作用。管理者先前的許諾，自然而然把下屬的期望方向引導到諾言的內容中來。當下屬的所為達到了管理者許諾時所規定的前提條件，不折不扣兌現諾言，會激發下屬的內在驅動力，即工作的積極性得以保持和發展。反之，如果許下的諾言不兌現，

或不能完全兌現，下屬先前的期望破滅或部分破滅，不僅會導致內在驅動力的消失，還會使下屬產生叛逆的心理，因之管理也就無法進行。

守信的激勵作用之所以不可替代，是因為守信在各種激勵手段中，處於基礎的地位。管理者為了提高工作效率，根據管理對象的物質和精神的需要，設置明確而具體的目標，誘發了被管理者的積極性，使之做出一系列實現目標的行為。但是組織目標的實現，必須伴隨著個人需要的滿足。管理者事先許諾給下屬的報償，如表揚、嘉獎、福利、晉升等等必須兌現，這樣下屬才有可能繼續保持和發揮工作的積極性。如果被管理者的個人需要因為管理者不肯或忘記兌現，那麼下一次的激勵就難以奏效。難怪有人說，失信一次，就算做一百次重新激勵也還是很難恢復以往。總之，守信用可以直接激勵下屬，也可為其他激勵手段的順利實施提供必要的保證。

守信用，還有利於組織的外部交往與合作。三國時代，軍閥割據，大大小小的軍事集團蜂擁而起，由於暫時的共同利益，兩個或兩個以上的軍事集團有可能進行合作，來對付共同的敵人。合作的雙方經常為了各自的利益，根據形勢的發展變化，單方面改變從前所作的承諾，難於進行真正的精誠合作。吳蜀兩家的聯盟，凡是雙方都能在一定程度上守信用的時候，雙方的合作就較有成效；凡是雙方為了各自E目前利益或長遠利益不守信用時，合作就不能進行甚至使聯盟瓦解。因此，能否守信，是組織之間進行互惠互利合作的關鍵環節。

當今世界，國與國之間，地區與地區之間，組織與組織之間的交往與合作日益頻繁。合作能否成功，與有無信用直接相關聯。凡是成功的交往與合作，必然是雙方恪守承諾的結果：凡是失敗的交往與合作，必然是雙方或其中一方不守信用所導致。由此看來，當今世界的任何組織，在選擇交往合作夥伴的時候，無一不是把信用當做首要條件，這是不足為奇的。自古以來，商業和其他服務行業都離不開顧客的合作。欲要提高效益，吸引顧客，重

要的方式就是提高信譽。信譽卓著的商店，往往顧客盈門，信譽掃地的商店，則免不了冷冷清清。為了在下屬和組織外部建立良好的信譽，管理者必須注意：

第一，不要輕易許諾

一個經常隨意許願的管理者，在人們的心目中必然是個不守信用的人。因為許下的諾言越多，越難以完全兌現，不能兌現的諾言，自然被認為是謊言。因此，每項許諾都要深思熟慮，否則，指天指地，拍胸擊掌，也難免會變成假話、空話。

第二，不要忘記許下的諾言

由於管理者多半事務繁忙，容易忘記對下屬的承諾，特別是那些表面看來微不足道的承諾。然而下屬是特別看重上司的承諾的。由於管理者的遺忘而不能兌現，下屬會產生一種上當受騙的感覺。

第三，一旦信用難守，要採取必要的措施，變被動為主動

由於情況的變化，或其他可以理解的原因，當初的承諾不能兌現或不能完全兌現，應該向對方做出解釋，講明原因，以求得諒解。

第四，守信貴在長久

一兩次守信的舉動，還難以給人以完全信賴的感覺，而一兩次不守信的行為，則完全可能給人以不可靠的印象，要想長久取信於人，貴在長久的守信行動。

有不少的經理們所做的最糟糕的一件事就是愛許諾，可他們卻又偏偏不珍惜一諾千金的價值，在聽覺與視覺上滿足了員工的希望之後，又留給了人們漫長的等待與終無音訊可循的結局。

諾言如同興奮劑，最能激發人們的熱情。試想你在頭腦興奮的狀態下，許下一個同樣令人興奮的諾言：若超額完成任務，大家月底能夠拿到10000

元的分紅。這是怎樣的一則消息，阿。情緒高亢的人們已無暇顧及它的真實性，想像力己穿過時空的隧道進入了月底分紅的那一幕。

接下來人們便數著指頭算日子，將你的許諾化為精神的支柱投入到工作之中去了。到了月底，人們注意的焦點還能是什麼呢？而你此時最希望的恐怕就是有一場突如其來的大運動，將人們的注意力統統引向另一個振盪人心的事件，最好是員工們就此得了記憶喪失症。

難以實現的諾言比謠言更可怕，雖然謠言會鬧得滿城風雨，沸沸揚揚，但隨著謠言的不斷「升級」，人們不久就會明白這是怎麼一回事了，但你的承諾騙取的是人們真心的付出。就如你讓一個天真的孩子替你跑腿送一份急件，當孩子跑回來索要你的獎賞時，你已溜之大吉，那孩子可能會由此而學會了收取訂金的本領，而一旦你的員工有了這樣的心態，那你在企業中就是一個澈底的失敗者，你的權威沒有了，難得的信任也消逝了，赤裸裸的僱傭關係會讓你覺得自己置身於一個由僵硬的數位記號構築的企業環境之中。

你的命令不是聖旨，但你的承諾卻都有著沉甸甸的分量，對於你不能實現的諾言，最好今天就讓雇員失望，也不要等到騙取了雇員的積極性後的明天讓他們更失望。

當然，這裡要強調的還是你許下的諾言並勇於承兌諾言的守信作風，想想田間耕耘的老農，他從綠油油莊稼看到了來年收成的希望，你的許諾會讓你的員工感覺到將要收穫的一個沉甸甸的未來，諾言的承兌讓所有的等待了許久的人有一種心滿意足的喜悅，更堅定了他們的未來就在自己手中的信念。你也將成為眾人注意的焦點，伸向你的不再是討要報酬的大手，而是一隻只熱情、助你成功的有力臂膀。

6. 以身作則，上行下效

古語說：「言之所以為言者，信也」、「信者，至誠、至實、至一、至公也」。通俗的講，信就是說話算話，誠實可靠，始終如一，不因人而異。曹操講：「大丈夫以信義為重。」《黃石公三略》中指出：「將無還令，賞罰必信，如天如地，乃可御人。」帶兵用將，只有嚴守信用，才能樹立良好的信譽，才能贏得下屬的信任。而信任可以提高一個團體的心理相容水準，激發起高昂的士氣。如果下屬一旦感到受騙，那會產生十倍的怨恨。這種怨恨是對組織最可怕的瓦解力和破壞力。

在《三國演義》中，對孫策其人著墨不多，但形象十分鮮明。

他臂力過人，武藝高強，勇猛無比，作戰身先士卒，人稱「小霸王」。在平定江東時，他每每衝鋒陷陣，手下人很為他擔憂。一次張紘勸他：「夫主將乃三軍之所繫命，不宜輕敵小寇。願將軍自重。」他回答道：「先生之言如金石；但恐不親冒矢石，則將士不用命耳。」

很顯然，孫策既知將軍自重的道理，更知道以身作則的強大威力。他能夠迅速掃平江東，奠定鞏固的後方，不能說與此沒關係。

在「甘寧百騎劫魏營」一回裡作者描寫了一個激蕩人心的場景。

當曹操率40萬大軍撲向濡須口時，血氣方剛的甘寧因和凌統一爭高低，要求只帶百騎，夜襲曹營，挫其銳氣。而且保證：「若折一人一騎，也不算功。」孫權為壯行色，把自己帳下一百精銳馬兵撥給甘寧，又賞酒賜肉。回到營中，百名士兵面面相覷，臉有難色。甘寧見狀，拔劍在手，怒叱道：「我為上將，且不惜命；汝等何得遲疑！」眾軍士聽了甘寧這番激昂豪壯的話語，既感動，又振奮，一齊表示：「願效死力。」於是甘寧和大家把酒肉飲盡吃光，到了深夜，甘寧帶領百人飛馬衝出，大喊一聲，率先殺入敵營，直搗曹操所居的中軍。在甘寧帶動下，百騎人馬縱橫馳騁，然後透營而出，殺得曹

兵驚慌失措，「自相擾亂」，「無人敢擋」。結果甘寧不折一人一騎，凱旋而還。諸葛亮在失掉街亭後的自責，也被千古所稱頌。守衛街亭，諸葛亮反覆叮嚀於前，化險為夷平安撤退於後。如果推諉，那是完全可以開脫自己的。但他嚴於律己，深責自己用人不明，自行請罪，降職降薪，這種可貴的品格，是淨化部下心靈的清潔劑，是激發部下英勇殺敵的發動機。

榜樣的力量是無窮的，特別是管理者的模範品德和帶頭作用，對部下的行動有極大的激勵作用。它具有強大的說服力和影響力，是無聲的命令，最好的示範，這是貫通古今的不惑之言。戰爭是如此，治國治廠也是如此。許多出色的企業家都深刻意識到了這一點。

戰國中期，秦孝公6年（西元前350年），商鞅在秦國任左庶長，掌握軍政大極，終於決定了變法的命令。命令已經準備好了，但還沒有公布。原因是怕老百姓不相信變法令。於是，商鞅就在秦國都城的南門樹立了一根高三丈的大木柱，招募有能把這根木柱搬到北門去的人，並宣布能完成這一工作就給他10斤黃金。百姓們對此都感到奇怪，沒有人敢動手去搬遷它。後來，商鞅又宣布：能搬遷這根木柱的人，給他50斤黃金。這時，有一個人把它搬遷到了北門。這個人果然得了50斤黃金，以表明商鞅講究信用。做了這項工作、取得了民眾對自己變法的信任以後，商鞅才下達了變法的命令。結果，獲得了很大成功。

在這裡，商鞅把民眾的信任，當做變革的前提。要變革，就先要有民眾對變革的信任。這無不啟發現代化的管理者，在自己的管理活動中，實現不了的事乾脆不說為好，說出的話就一定要做到。這就叫政策兌現，取信於民。切不可鼓舌如簧，口惠而實不至。

7. 獲取信譽的幾大技巧

信任，是人的一種精神需求，是對人才的極大褒獎和安慰。它可以給人以信心，給人以力量，使人無所顧忌的發揮自己的才能。管理者要獲取信譽，注意一下幾大技巧：

信人，一要信其德。

做到這一點並不容易。由於有時情況一時不明，由於可能產生的流言蜚語，特別是由於妒能者的誣陷進讒，以致懷疑人才、毀滅人才的悲劇古今擢髮難數。所以，作為一個管理者，知人一定要深，信人一定要篤，要善於在複雜紛紜的現象中明察是非。太史慈被孫策擒住，孫策待之甚厚，太史慈投降，並提出去收拾「餘眾」，以助孫策，兩人約好第二天中午回來。太史慈去後，孫策手下之人都說太史慈不會再來，孫策卻深信不疑。第二天，太史慈果然帶領一千多人如約歸來。長阪坡前，趙雲因在混戰中丟了劉備家小，便返身殺回敵陣找尋。麋芳不知其情，告訴劉備說趙雲投了曹操，張飛也幫腔道：「他今見我等勢窮力盡，或者反投曹操，以圖富貴耳！」深深了解趙雲的劉備堅信：「子龍此去；必有事故。吾料子龍必不棄我也。子龍從我於患難，心如鐵石，非富貴所能動搖也」。劉備征吳時，有人向他報告：「老將黃忠，引五六人投東吳去了。」劉備聽後笑著說：「黃漢升（黃忠字）非反叛之人也。吳彝陵大戰前夕，諸葛瑾請求去蜀求和，張昭向孫權吹風說，諸葛瑾是藉故入蜀，必不回還。孫權追述了諸葛瑾過去的言行，駁斥說：「今日豈肯降蜀乎？孤與子瑜（諸葛瑾字）可謂神交，非外言所得間也。」

上述這些是多麼可貴的信任！在那個時代，一人犯法，罪及妻孥，甚至禍連九族，但諸葛亮用人卻是非分明。五出祁山時，都護李嚴因沒有備好軍糧，怕諸葛亮見罪，就謊報軍情，又在後主前誣陷諸葛亮。諸葛亮雖將他削為庶民，但仍任命李嚴的兒子李豐為長史。這樣對李豐信任，確實難能

可貴。《三國演義》還以一些昏庸之主的失敗告誡後人，切莫偏聽偏信，妄生疑心。

官渡大戰時，袁紹聽信審配所言，任意聯想，懷疑許攸是曹操奸細，逼得許攸終於投曹。後又聽信郭圖讒言，要對張郃、高覽問罪，逼得張、高兩人也降了曹操。劉禪聽信宦官讒言，竟懷疑諸葛亮有「異志」，把他從北伐前線召回，以致貽誤一次戰機。吳主孫皓，懷疑陸抗通敵，罷其兵權，結果加速了東吳的滅亡。

信人，二要賴其才。

孫權因素知陸遜有奇才，幾次在關鍵時刻委以重任，使這位年輕的將領名彪史冊，大展宏圖。而無能的蜀後主，根本不了解敵我力量和前線戰況，卻聽信讒言，嫌姜維屢戰無功，竟要找人替代他，逼得姜維避禍遝中，造成西蜀布防上的漏洞，導致日後的兵敗。

可見，選人要明，既用則信，勇於授權，放手使用，是激發部下積極性，充分發揮其才能的重要因素。

既信其才，就要用之以專，絕不能一職幾任，職責不明，互相推諉，互相掣肘，製造內耗。

孫權準備襲擊荊州，一開始卻要他的堂弟孫皎和呂蒙同去。呂蒙明確表示：「主公若以蒙可用則獨用蒙；若以叔明（孫皎字）可用則獨用叔明。豈不聞昔日周瑜、程普為左右都督，事雖決於瑜，然普自以舊臣而居瑜下，頗不相睦；後因見瑜之才，方始敬服？今蒙之才不及瑜，而叔明之親勝於普，恐未必能相濟也。孫權堪稱明主，聽後恍然大悟，遂拜呂蒙為大都督，統一掌管江東各路軍馬。

信人，三要能聽得進不同意見。

特別是尖銳鮮明的反對意見。不同意見或反面意見，並非異端。它常常

是獨立思考的產物，是知識、才能的顯露，是正直、忠誠、負責、勇氣的表現。而目光敏銳，獨立思考，見解獨特，多提意見，正是人才的特徵之一。但古往今來，許多人聽不得不同意見，對提意見者反感、討厭，甚至懷疑在拆臺、搞蛋。這是信人的心理障礙。田豐不同意袁紹出兵，便被袁紹抓了起來。沮授建議袁紹「緩守」，也被袁紹關了禁閉。像袁紹這樣的昏庸之將，在他手下，不做拍馬逢迎之流，也得緘口不語，哪能發揮人才的作用？

信人，四要有廣闊的胸懷。

還有一種管理者，只允許手下的人才能低於自己，功勞小於自己。在這種情況下，他倒可以信你、用你。否則就要疑神疑鬼。俗話說：「威高震主，才高招忌。」這正是對許多辛酸歷史教訓的概括。袁紹之殺田豐，曹操之殺楊修，後主之疑孔明，無不與此有關。這告誡人們，管理者必須氣度恢弘，才能做到信人不貳，始終不渝，才能用好那些超過自己的人才。否則，手下人會聰明不可用盡，才能不可使盡，見好即收，略顯而止，甚至激流勇退。那只能浪費人才的效能，影響事業之發展。

第九章
合理放權，不要所有問題都自己扛

　　一個高效率的管理者應該把精力集中到少數最重要的工作中去，次要的工作甚至可以完全不做。合理的給下屬權力，不僅有利於增強下屬的積極性和創造性，而且還能大大提高管理者本身和團隊的工作效率。這是領導管理的技巧，也是一種藝術。

1. 不要所有問題都自己扛

　　在生活中，我們常常看到總經理辦公室的燈總是很晚了還沒有熄，吃飯時間他卻還在辦公室工作；平日裡，我們常常聽說某公司總經理終日總有忙不完的事情，彷彿陷入了一個大漩渦，怎麼轉也轉不出來，不知自己哪天才有「出頭之日」。為此他們常常發出這樣的抱怨：「為什麼什麼事都要找我？」終日忙忙碌碌的總經理就是好總經理嗎？非也，總經理的肩膀不是起重機，不可能也不應該將所有的問題都自己扛。

　　戴爾電腦公司今天已是全球舉足輕重的跨國公司。創始人麥可‧戴爾剛開始創業時，也曾發出這樣的抱怨，但他很快就找到了原因，並找到了解決的辦法，那就是授權。

　　戴爾事業初創時，由於經常加班趕工，再加上他剛離開大學，習慣了晚睡晚起的作息，第二天經常睡過了頭，等他趕到公司時，就看見有二三十名員工在門口閒晃，等著戴爾開門進去。

　　剛開始戴爾不明白發生了什麼，好奇的問：「這是怎麼回事？你們怎麼不進去？」

有人回答：「老闆，你看，鑰匙在你那裡，我們進不了門！」

戴爾這才想起公司唯一的鑰匙正掛在自己腰間，平時總是他到達後為大家開門。

從此，戴爾努力早起，但還是經常遲到。

不久，一個職員走進他的辦公室報告：「老闆，廁所沒有衛生紙了。」

戴爾一臉不高興：「什麼？沒有衛生紙也找我！」

「存放辦公用品的櫃子鑰匙在你那裡呢。」

又過了不久，戴爾正在辦公室忙著解決複雜的系統問題，有個員工走進來，抱怨說：「真倒楣，我的硬幣被可樂的自動販賣機『吃』掉了。」

戴爾一時沒反應過來：「這事為什麼要告訴我？」

「因為販賣機的鑰匙你保管著。」

戴爾想了想，決定放權，不能事無鉅細一把抓著。他把不該拿的鑰匙交給專人保管，又專門請人負責其他部門，公司在新的管理方法下變得井井有條。

授權是企業家和經理人從煩瑣的事務中脫離出來的最佳途徑。佩羅集團創始人、董事長羅斯・佩羅（RossPerot）為此說過：「領導就是放權給一批人，讓他們努力奮鬥，去實現共同的目標。為此，你就得充分開發他們的潛能。」

一個高效率的管理者應該把精力集中到少數最重要的工作中去，次要的工作甚至可以完全不做。人的精力有限，只有集中精力，才可能真正有所作為，才可能出有價值的成果，所以不應被次要問題分散精力。他必須盡量放權，以騰出時間去做真正應該做的工作，即組織工作和設想未來。

北歐航空公司董事長卡爾松大刀闊斧改革北歐航空系統的陳規陋習，就是依靠合理的授權，給下屬充分的信任和活動自由而進行的。

因公司航班誤點不斷引起旅客投訴，卡爾松下決心要把北歐航空公司變

成歐洲最準時的航空公司，但他想不出該怎麼下手。卡爾松到處尋找，看到底由哪些人來負責處理此事，最後他找到了公司營運部經理雷諾。

卡爾松對雷諾說：「我們怎樣才能成為歐洲最準時的航空公司？你能不能替我找到答案？過幾個星期來見我，看看我們能不能達到這個目標。」

幾個星期後，雷諾約見卡爾松。

卡爾松問他：「怎麼樣？可不可以做到？」

雷諾回答：「可以，不過大概要花 6 個月時間，還可能花掉 160 萬美元。」

卡爾松插話說：「太好了，這件事由你全權負責，明天的董事會上我將正式公布。」

大約 4 個半月後，雷諾請卡爾松去看他們幾個月來的成績。

各種資料顯示在航班準點方面，北歐航空公司已成為歐洲第一。但這不是雷諾請卡爾松來的唯一原因，更重要的是他們還省下了 160 萬美元中的 50 萬美元。

卡爾松事後說：「如果我先是對他說，『好，現在交給你一個任務，我要你使我們公司成為歐洲最準時的航空公司，現在我給你 200 萬美元，你要這麼這麼做。』結果怎樣，你們一定也可以預想到。他一定會在 6 個月以後回來對我說：『我們已經照你所說的做了，而且也取得了一定的進展，不過離目標還有一段距離，也許還需花 90 天時間才能做好，而且還要 100 萬美元經費。』可是這一次這種拖拖拉拉的事情卻沒有發生。他要這個數目，我就照他要的給，他順順利利的就把工作做完了，也辦好了。」

合理的給下屬權力，不僅有利於增強下屬的積極性和創造性，而且還能大大提高管理者本身和團隊的工作效率。這是領導管理的技巧，也是一種藝術。

一名管理者，不可能控制一切；你協助尋找答案，但本身並不提供一切答案；你參與解決問題，但不要求以自己為中心；你運用權力，但不掌握一切；

你負起責任，但並不以盯人方式來管理下屬。你必須使下屬覺得跟你一樣有責任注意事情的進展，把管理當做責任而不是地位和特權，正是管理者進行真正的、有效授權的基本保證。

那些事必躬親的管理者往往會有這樣的想法：他們應該主動深入到工作當中去而不應該坐等問題的發生；或者他們應當向下屬表示自己不是一個愛擺架子或者高高在上的管理者。這些想法確實值得肯定，但是管理者用不著選擇事必躬親，因為這樣做不僅沒有任何好處，還會讓管理者付出很大的代價。如果你有事必躬親的傾向，那麼下面幾點建議應該會對你有所幫助。

(1) 學會置身於事外。

實際上，團隊裡的有些事務並不需要你的參與。比如，下屬們完全有能力找出有效的辦法來完成任務，那用不著管理者來指手畫腳。也許你確實是出於好意，但是下屬們可能不會領情。更有甚者，他們會覺得你對他們不信任，至少他們會覺得你的管理方法存在很大問題。當出現這種情況時，你應當學會如何置身於事外。這裡有一個小小的竅門：在你決定對某項事務發布命令之前，你可以先問自己兩個問題：「如果我再等等，情況會怎麼樣？」以及「我是否掌握了發布命令所需的全部情況？」如果你覺得插手這項事務的時機還不成熟或者目前還沒有必要由自己來親自做出決定，那麼你應當選擇沉默。在大多數情況下，事實上也許根本不用你費心，你的下屬們就會主動的彌補缺漏。透過這樣縝密的考慮，你會發現也許有時你的命令是不必要的，甚至會使情況變得更糟。

(2) 恰當授權。

當組織發展到一定階段，隨著管理事務的日益增多，管理者已經無法將所有的問題都自己扛，這就需要授權。從某種意義上說，授權是管理最核心的問題，也是簡單管理的要義，因為管理的實質就是透過其他人去完成任

務。授權意味著管理者可以從繁雜的事務中解脫出來，將精力集中在管理決策、經營發展等重大問題上來。透過授權，你可以把下屬管理得更好，讓下屬獨立去完成某些任務有助於他們成長。因此，恰當授權非常重要，這樣可以得到授權的最大好處，並將風險降到最低。

(3) 弄清楚究竟哪些事務你不必「自己扛」。

既然明白了事必躬親的弊端，那麼下一步你必須明確授權的範圍，也就是說究竟哪些事務你不必「自己扛」。根據組織的實際情況，授權的範圍肯定會有所不同。但這其中還是有一些規律性的東西。在授權時，下面幾個因素值得考慮：

①責任或決策的重要性。一般說來，一項責任或者決策越重要，其利害得失對於團隊或整個企業的影響越大，就越不可能被授權給下屬。

②任務的複雜性。任務越複雜，管理者本人就越難以獲得充分的資訊並做出有效的決策。如果複雜的任務對專業知識的要求很高，那麼與此項工作有關的決策應該授權給掌握必要技術知識的人來做。

③組織文化。如果組織裡有這樣的傳統或者說背景，即管理層對下屬十分信任，那麼就可能會出現較高程度的授權。如果上級不相信下屬的能力，則授權就會變得十分勉強。

④下屬的能力或才幹。這可以說是最重要的一個因素，授權要求下屬具備一定的技術和能力。如果下屬缺乏某項工作的必要能力，則管理者在授權時就要慎重。

柯林將軍告訴我們，作為一名偉大的將軍，他的成功有很大一部分來自有效的分工帶來的「簡單管理」。「我對很多方面都放任不管」，這就給了他的部下很大的自由空間去決策。每一個管理者都應該深刻的領悟到此言的含義：授權予下，不僅可以使你從繁忙的工作當中解脫出來，更可以增強下屬

的工作積極性。這一箭雙鵰的手段，是每名管理者都應學會使用的。

2. 用他人智慧去完成自己的工作

有些管理者，之所以不願過多的授權，甚至是不授權，是因為認為自己是最優秀的，授權給下屬，下屬會把事情搞砸，而且他始終自信自己能把事情做好。誠然，在企業初創時期，規模小，人員少，管理者事必躬親，還有可能應付得過來。但隨著規模不斷擴大，自然也就力不能及，這時再不授權，整天忙個不停，也會顧此失彼，即便是鐵打的人，身體也吃不消。

聰明的管理者即使自己很優秀，他也知道還有比自己更優秀的人，他的職責就是如何尋找並發揮這些人的智慧，來完成自己的工作。這正如管理專家旦恩‧皮阿特所說：「能用他人智慧去完成自己工作的人是偉大的。」

在艾爾弗雷德‧斯隆（AlfredSloan）任通用汽車副總裁期間。通用總裁杜蘭特經營管理不善，使公司汽車銷售量大幅度下降，公司危機重重，難以維持，杜蘭特因此引咎辭去總裁職務。作為副總裁的斯隆雖然幾次指出公司管理體制上存在問題，但杜蘭特未予以採納。杜蘭特下臺以後，在通用汽車公司擁有最大股份的杜邦家族接管公司，並任杜邦為總裁。由於杜邦對汽車是外行，因此他完全依靠斯隆，斯隆對公司採取了一系列改革措施。

斯隆分析了公司存在的弊端，指出公司的權力過分集中，領導層的官僚主義是造成各部門失控局面的主要原因。於是他以組織管理和分散經營之間的協調為基礎，把兩者的優點結合起來。根據這一樣，斯隆提出了公司組織機構的改革計畫，從而第一次提出了事業部制的概念。

斯隆提出的這一系列方案，贏得了公司董事會的一致支持。於是，斯隆的計畫開始付諸實施。

通用汽車公司在以後幾十年的經營實踐中，證明了斯隆的改組計畫是完

全成功的。正是憑藉這套體制，獲得了較快的發展。

　　根據斯隆的「分散經營、協調管理」這一原則，在經濟繁榮發展時，公司和事業部的分散經營要多一點；在經濟危機、市場蕭條時期，公司的集中管理就要多一點。一些企業界人士認為，這是通用公司不斷發展壯大的主要原因之一。

　　斯隆在通用汽車建立了一個多部門的結構，這是他的又一個創造。他把最強的汽車製造單位分成幾個部門，幾個部門間可互相競爭，又使產品等級多樣化，這在當時是相對先進的一種方法。

　　通用汽車基本上有五種不同的等級，這些不同等級的汽車有不同的生產部門，每個生產部門又有各自的主管人員，每個部門既有合作又有競爭。有些產品的零件幾個部門是可以共同生產的，但各部門的等級、牌號不同；在樣式和價格上，各部門之間則要相互競爭。各部門的管理者論功行賞，失敗者則自動下臺。正是斯隆卓越的領導才能，使通用汽車公司充滿了生機和活力。斯隆成功的手段就是分權制，一位大包大攬的主管是不可能把所有事情都處理得十全十美的。在瞬息萬變的商場上，管理者的判斷往往會決定一個企業的成敗。建立分權機制，在於有利企業靈活機動的處理問題，化一人獨斷為大家共同決定，這就大大減少了判斷錯誤帶來的風險。

　　有一些大企業是第一代主管打下來的，但實際上他已經不再完全跟得上形勢了。這樣情況下建立分權機制，保證公司決策正確更加具有意義，而且分權作為一種制度固定下來後，對於權力觀念色彩重的主管具有強大的約束力。

　　正所謂「成也用人，敗也用人」，尊重人才、授權給人才，讓人才發揮智慧為自己工作，是聰明管理者的用人之道。

　　蒙哥馬利（Montgomery），英國陸軍元帥，著名將領。第二次世界大戰爆發後，他曾率部與比、法軍並肩作戰。1948 年，他任西歐聯盟常設防禦

組織主席,後來又任北大西洋公約組織歐洲盟軍副總司令。

蒙哥馬利總結自己多年的軍事指揮經驗,他歸結為一個字:「人」。蒙哥馬利非常重視人的因素,他說:「打勝仗的關鍵不僅僅是提供坦克、大炮和其他裝備。我們當然需要優良的坦克和大炮,但是真正重要的是坦克裡面和大炮後面的人。主要是『人』,而不是『機械』。」在整個第二次世界大戰期間,他用三分之一的工作時間來做人的工作。像他這樣重視人的思想,在當時的軍事將領中是極為罕見的。蒙哥馬利善於授權,在第二次世界大戰中,蒙哥馬利授權給參謀長德‧甘崗和以他為首的高效能的參謀機構,堪為典範。

1942 年,蒙哥馬利去開羅就任第八集團軍司令時候,在亞歷山大港的十字路口碰見了自己的學生兼部下 —— 德‧甘崗。蒙哥馬利對這個頭腦敏捷、足智多謀的年輕人很感興趣,覺得他大有可為。另一方面,在蒙哥馬利看來,在沙漠作戰,事務繁雜,前幾位軍長都是事必躬親事事都親自過問,就像在森林裡穿行一樣,邊走邊撥開草叢,停停走走,永遠走不出森林,見不到整個樹林的風貌。為了不陷入瑣碎的事務中導致精力分散,蒙哥馬利決定找個人來幫他。當天晚上,蒙哥馬利就召集指揮官們開會,當場宣布了他的大膽計畫:任命德‧甘崗為第八軍團參謀長。這個計畫事先沒有任何人知道,包括德‧甘崗本人。英國陸軍當時並沒有參謀長這一職務,現在甘崗要做的一些事情原來都是由軍長自己親自做的。在宣布任命甘崗之後,蒙哥馬利要求的具體做法是:讓參謀長協調整個司令部的業務工作,對下傳達蒙哥馬利的指示,對上報告部隊及參謀們的建議;每次戰役開始後,參謀長領導司令部,掌握戰場情況協調部隊行動,處理一般情況除特殊情況外,不得驚動蒙哥馬利,並在與蒙哥馬利聯絡不上時,指揮部隊作戰;一般情況下可以代替蒙哥馬利參加各種會議和處理各項事務。

果斷授權,樂於放權,使蒙哥馬利在指揮打仗的時候,往往獲勝後力量還綽綽有餘,不會使自己的力量消耗殆盡。

透過授權，使得企業管理從繁瑣的事務中解脫出來，著眼於更高層面上的重大問題；與此同時，也透過授權，使得企業員工歸屬感增強，增加主人翁意識，更有利於企業管理層等各層次的有序交接和平穩過渡。

3. 培養員工擁有自己的頭腦

作為管理者，你必須讓員工安排自己的計畫，不要任何事情都由你過問，讓員工擁有自己的頭腦，重要的是弄清員工獲得什麼結果與如何去獲取結果的區別。更重要的是，同時應給予員工足夠的自由空間，讓他們自我決定怎樣最好的，來實現你所要求他們達到的結果。當然你不可能完全將員工「做什麼」和「怎麼做」分離開來。員工在某種程度上也要參與決定達到什麼樣的目標，儘管最終承擔責任的還是管理者。在決定員工的目標時，你也不可能毫不考慮員工怎樣去處理這一問題。但作為管理者，你不要過多干涉員工去做自己的工作，放手讓他們去做。只有在一個目標明確，又有充分自由空間去實現目標的環境下，員工才有可能發揮自己最大的才智。如果你規定了他們的工作目標，又為他們劃定了許多做事的框架，那他們當然就失去了行為的主觀能動性。所以培養員工擁有自己的頭腦，發揮員工的智慧是大有必要的。

集權與分權看起來是矛盾的，但在企業管理中，兩者卻可以很好的統一在一起。既要集權，也要分權。關鍵是怎樣集，怎樣分。

一個人不可能把什麼事情都做好，畢竟你的精力是有限的。部門內各個方面總有照顧不周到的地方。更何況，如果天天如此，一個人的身體上承受不住的，遲早會被累垮的。

俗話說得好，巴掌再大遮不住天。整個部門並不是你一個人的，你的下面還有許多不同等級的人，自己把所有的事情都做了，那麼，其他人又做

什麼呢？

　　管理者對權力進行管理的基本特點是與管理者對權力進行管理的內在規定緊密一致，並在領導活動中展現出來的。管理者的權利職能是多方面的，如運籌決策、組織指揮、協調控制等等。在管理者行使職權的過程中，管理者與被管理者都應是確定的。

　　在現實生活中，管理者並非總是處在做出決定的最恰當的地位。當他們做出決定時，必須充分依靠員工提供的資訊和建議。所以，更為切實的做法是：尊重員工，讓員工做出某些決定，讓員工承受一些責任。

　　當然，作為管理者，尊重員工時，也應劃清界限，因為有些決定是無法做出的。比如，只應允他們做出一些在他們責任範圍內的決定，而不能做出那些影響其他部門的決定。他們可以在公司的經費計畫內決定如何安排自己的工作，如何進行培訓等，但他們無權決定公司的某些制度與辦公設備應如何處置等問題。

　　尊重員工，也是對員工的一種挑戰。他們必須對自己的決定負責，而提供建議與做出決定兩者是有區別的。有時，你也許只需向員工提供相關資料和資訊，然後由他們做出最終的決定，如果你將此視為向員工提供幫助，這是十分正確的。當員工碰到困難時，向他們提出建議和解決辦法是可行的，是否會被他們接受又完全取決於他們自己。如果你的建議帶有強制性，這一決定似乎就是你做出的了，只不過你巧妙轉移了自己的責任。因此，不要鼓勵員工遇到事就找你，否則你將背上過重的提出建議、做出決定的包袱，而成為過時的「萬能」管理者。當員工帶著問題走到你身邊時，不能一開口就做出決定，因為有時只有員工才能做出決定，尤其是那些在他們工作範圍之內的決定。

　　如果你要檢驗員工是否表裡如一，最好是離開一段時間，讓他們自行其事。很多人也許都有這種體驗，當你離開之後，他會輕鬆得呼一口氣，並開

始真正感到自由，慶幸自己終於可以做自己感興趣的工作了。

很多人與上司相處時，總會感到緊張不安。他們總想讓上司高興卻不知怎樣去做。同樣，當上司離開時，他們反倒能全心全意投入到工作之中，並能從中自娛自樂。沒有管理者在場，他們卻能做出更好的決定。

作為管理者，你可以離開員工一段時間，盡量給他們留一些自我發展的空間。這樣當你回來時，你會吃驚的發現員工在你不在的時候取得了多麼令人滿意的成績。離開員工是檢驗管理者是否成功的最好方式。如果你已經能夠培養員工按照你所構想的方式去做，如果你讓他們真正承擔起自己的責任，如果你能讓他們自行其是，那麼，當你離開的時候，所有的一切照樣可以圓滿完成。

作為管理者，你只需為員工指引方向，而且這一方向不應在三個星期或三個月內就做出改變。即使出現一些問題，你的員工也應該像你一樣妥善處理。當然，如果是一個十分重大的問題，那他們不可能自行其事，必須跟你報告。

當你離開時，員工們也許有些不太習慣，或許有些想念你。當你回到他們身邊，他們會集中精神向你展示自己所實現的東西。因此你的回歸，又變成了他們表現自己及證明你的權威的機會。

讓員工擁有自己的頭腦，其前提是你必須充分相信和認可他們。你給予他們的自由空間越大，他們做的事情就越成功。當你真誠信任員工時，如果他們對你安排的某一工作確實無法勝任，他們會主動說出並要求另換一個更合適的人選，這實際上是對你的一種負責，這比勉強答應，但最後將事情弄得一團糟的員工更加誠實而有責任感。

4. 充分授權與有力監控同等重要

凡事豫則立，不豫則廢。即使你已經下定了授權的決心，也不要輕舉妄動。兵法云：「大軍未動，糧草先行。」就是指在行動之前，要先做好準備工作。授權予下絕不是簡單的把工作和權力交給下屬，而是必須要經過周密考慮、精心準備，以免出現差錯。

自 1962 年山姆‧沃爾頓在美國阿肯色州開設第一家商店至今，沃爾瑪已發展成為全世界首屈一指的零售業龍頭。在全球 11 個國家共擁有超過5000 家沃爾瑪商店，2003 年的銷售額達到廠 2563 億美元，聘請員工總數達150 萬。連續兩年在美國《財富》雜誌全球 500 強企業中名列前茅，具創始人山姆‧沃爾頓也因此一度成為全球第一富豪。

由於沃爾瑪發展異常迅速，而且規模益龐大，山姆不得不考慮把權力下放給區域副總裁和區經理。就像沃爾瑪的負責人之一李斯閣說：「與十到十五年前相比，現在的區域副總裁必須擁有與沃爾頓更相近的才幹。現在的執行長不可能為全公司 130 萬名員工解決所有問題。如果公司成立之初，最高管理層也碰到這麼多問題，你也不得不採取現在的做法。你必須有四、五十個人負責處理這些問題。以前必須由高級管理層處理的許多問題，如今在較低層級就解決了。管理團隊覺得根據公司目前的情況，不可能有別的方法應付這些事情。」

下放到高層之後，山姆並沒有因此停止授權。他認為，公司發展越大，就越有必要將責任和職權下放給第一線的工作人員，尤其是整理貨架和與顧客交談的部門經理人。沃爾瑪的這些做法實際上就是教科書中關於謙虛經營的範例。山姆‧沃爾頓將它稱為「店中有店」，他讓部門經理人有機會在競賽的早期階段就能成為真正的商人，即使這些經理人還沒有上過大學或是沒接受過正式的商業訓練，他們仍然可以擁有權責，只要他們真正想要，而且

努力專心工作和培養做生意的技巧。

山姆認為，把權力下放之後，必須讓每一位部門經理充分了解關於自己業務的資料，如商品採購成本、運費、利潤、銷售額以及自己負責的商店和商品部在公司內的排名。他鼓勵每位部門經理管理好自己的商店，如同商店真正的所有者一樣，並且需要他們擁有足夠的商業知識。沃爾瑪把權力下放給他們，由他們負責商店全套的事務。

此制度推行的結果，使年輕的經理得以累積起商店管理經驗。而沃爾瑪公司裡有不少人半工半讀完成大學學業，隨後又在公司內逐漸被提升到重要的職位上。

這樣，沃爾瑪不僅給部門經理委派任務，落實職責，而且允許其行動自主享有很廣泛的決策資格。他們有權根據銷售情況訂購商品並決定產品的促銷法則。同時每個員工也都可以提出自己的意見和建議，供經理們參考。

在下放權力的同時，山姆一直努力嘗試在擴大自主權與加強控制之間實現最佳的平衡。同其他大零售店一樣，沃爾瑪公司當然有某些規定是要求各家商店都必須遵守的，有些商品也是每家商店都要銷售的。但山姆 · 沃爾頓還是逐步保證各家商店擁有一定的自治許可權。訂購商品的權責歸部門經理人，促銷商品的權責則歸商店經理人。沃爾瑪的採購人員也比其他公司人員擁有更大的決策權。沃爾瑪的各家分店可以採用不同的管理模式，可以有自己獨特的風格，但每一個員工也要遵守公司制定的《沃爾瑪員工手冊》：員工可以有不同的思考觀念和生活方式，也可以各抒己見、暢所欲言；但一旦公司或商店部門做出決策，就必須維護決策的權威。雖然允許他們保留意見，但決策的權威性不可動搖，所有人都要服從。當然，如果有較大的分歧，公司或商店部門也可以將意見直接反映到總部。

把權力下放給較低層級的管理人員，並不表示高級管理團隊放棄傳播公司企業文化的責任。格拉斯和索德奎斯，以及後來的李斯閣和考林，仍然是

這種文化最主要的傳播者。但是，他們主要是在有眾多員工聚集的場合傳揚這些訊息，例如一年兩次的經理人員會議，以及一年一度的股東大會。

山姆在放權和控權之間遊刃有餘，既激發了公司各個層面的主動性、自主性，也統率著公司的決策權，可謂授權管理的典範。

管理者在授權的同時，必須進行有效的指導和控制。管理者若控制的範圍過大，觸角伸得太遠，這種控制就難以駕馭。如何做到既授權又不失控制呢？下面幾點頗為重要。

(1) 評價風險

每次授權前，管理者都應評價它的風險。如果可能產生的弊害大大超過可能帶來的收益，那就不予授權。如果可能產生的問題是由於管理者本身原因所致，則應主動矯正自己的行為。當然，管理者不應一味追求平穩保險而像裹小腳那樣走路，一般來說，任何一項授權的潛在收益都和潛在風險並存，且成正比例，風險越大，收益也越大。

(2) 授予「任務的內容」，不干涉「具體的做法」

授權時重點應放在要完成的工作內容上，毋須告訴完成任務的方法或細節，這可由下級人員自己來發揮。

(3) 建立信任感

如果下屬不願接受授予的工作，很可能是對管理者的意圖不信任。所以，管理者就要排除下屬的疑慮和恐懼，適當表揚下屬取得的成績。另外，要著重強調：關心下屬的成長是管理者的一項主要職責。

(4) 進行合理的檢查

檢查有以下的作用：指導、鼓勵和控制。需要檢查的程度決定於兩方面：一方面是授權任務的複雜程度，另一方面是被授權下屬的能力。管理者可以透過評價下屬的成績，要求下屬寫進度報告，在關鍵時刻同下屬進行研究討

論等方式來進行控制。

(5) 學會分配「討厭」的工作

分配那些枯燥無味的或人們不願意做的工作時，管理者應開誠布公講明工作性質，公平分配繁重的工作，但不必講好話道歉，要使下屬懂得工作就是工作，不是娛樂遊戲。

(6) 盡量減少反向授權

下屬將自己應該完成的工作交給管理者去做，叫做反向授權，或者叫倒授權。發生反向授權的原因一般是：下屬不願冒風險，怕挨罵，缺乏信心，或者由於管理者本身「來者不拒」。除去特殊情況，管理者不能允許反向授權。解決反向授權的最好辦法是在和下級談工作時，讓其把困難想得多一點、細一點，必要時，管理者要幫助下屬提出解決問題的方案。

5. 大權獨攬，小權分散

作為管理者，並不意味著什麼都得管。正確的做法是：大權獨攬，小權分散。要做到許可權與權能相適應，權力與責任密切結合，獎懲要兌現。

春秋時期，齊桓公拜管仲為相，君臣同心，勵精圖治，對內整頓朝政、例行改革，對外尊王攘夷，存亡續絕，終於九合渚侯，一匡天下，成就了春秋五霸之首的偉業。霸業的取得與桓公的開明和管仲的謀略是密不可分的。但還有一個重要原因我們不能忽視，管仲之所以能夠最大範圍內施展自己的才華，原因就在於他沒有獨攬大權，如果管仲也是集各種大權於一身，怕也早就有「謀反」之嫌了。

根據《韓非子直解》記載，齊桓公對管仲極為信任，有一天，他在朝堂上對大臣們說：「寡人想要立管仲做我的仲父，不知你們有什麼意見。同意我立管仲為仲父的人進門以後往左走，不同意的人進門以後往右走。」

他說完以後，群臣各分左右，入門後站定，唯有東郭牙既不往左走，也不往右走，竟然站在門的正當中。東郭牙是何許人也？據《呂氏春秋》記載，東郭牙，也就是鮑叔牙。管仲就是經過他的熱心推薦，才得以被齊桓公重用。鮑叔牙最顯著的特點就是性情耿直，勇於犯言直諫，所以一直被管仲稱為知己。

桓公看到東郭牙這樣的反應，感到很奇怪，就問說：「寡人要立管仲為仲父，如果你同意就往左走，不同意則往右走，您為什麼立在中間不動呢？」東郭牙不急不慢的問道：「請問大王，以管仲的才能可以謀定天下大事嗎？」齊桓公說：「當然能。」東郭牙又問：「以管仲的決斷能力能做成大事嗎？」齊桓公說：「當然能。」東郭牙說：「那好，管仲的智謀足以謀定天下大事，管仲的決斷足以做大事情，而您現在又要把國家的大權交給他，如果他用自己的智謀才能、憑藉著您的威勢來治理齊國，請問，您的政權能不危險嗎？」齊桓公聽後悚然而驚，對東郭牙說：「您的意見很有道理。」

於是，齊桓公就不再立管仲為仲父，也不把所有的大權交給他，而是讓自己的曾孫隰朋治理內政，讓管仲治理外交，使他們分權並立。

授權並不意味著要把自己所有的權力都下放，相反，它要講究一定的限度，要保持在適當的範圍內。用人者在授權時候要遵循「大權在握，小權分散」的原則，否則很容易出現下級僭越的現象。授權與控權是一門用人者需要掌握的技巧。

身為管理者，有時難免會遇到一些事情是超過自己的許可權的，而且對有些業務也不完全熟悉或完全不熟悉。對於這樣的事情，管理者不該去管，既然是管不好的事情，那還是不管為妙。聰明的管理者不會做這種吃力不討好的事。

一個管理者可能會遇到許許多多的大事和小事，但作為管理者不能眉毛鬍子一把抓，事事插手，到處攬權。管理者要全力以赴抓大事，所謂大事，

也就是那些帶有根本性、全域性的問題。對於大事，管理者不但要抓，而且要抓準抓好，一抓到底，絕不能半途而廢。一般說來，大事只占 20%，以 100% 的精力，處理 20% 的事情，當然會感到輕鬆自如、遊刃有餘了。

作為管理者，無論是剛剛上任，還是做了很長時間，一定會面對許多需要處理的事情。但千萬不要認為，將自己搞得狼狽不堪、給下屬留一個勤奮工作的好印象就是最佳選擇。

真正聰明的管理者善於把好鋼用在刀刃上，工夫用在事外。厚積而薄發，這才不失為上策。抓大權抓大事，放小權放小事，而且還要把大權大事抓到底，小權小事放到位。

6. 合理授權，激發責任心

英國卡德伯里爵士認為：「真正的管理者鼓勵下屬發揮他們的才能，並且不斷進步。失敗的管理者不給予下屬決策的權利，並且奴役下屬，不讓下屬有出頭的機會。這個差別很簡單，好的管理者幫助下屬成長，壞的管理者阻礙下屬的成長；好的管理者為他們的下屬服務，壞的管理者奴役他們的下屬。」這就是說，管理者，要管頭管腳（指人和資源），但不能從頭管到腳。

公司發展得越快，業務越複雜，管理者越要看到自己在整個組織運行中的支援作用，而不是替代作用。分權和放權，並不意味著管理者的權責被剝奪，分權和放權能夠使管理者從日常繁瑣的事務中解脫出來，集中時間做真正應該做的事情，如企業策略的制定、企業高級人員的培養和安排、組織運行的考評，以及企業文化的建立等。

合理分權和放權不僅能讓管理者從繁瑣的事務中解脫出來，而且能激發下屬的積極性，使下屬自覺做好本來就應該做好的事情，甚至可能使下屬做好原本並不會做的事情。合理分權和放權，能讓下屬把自己的精力直接集中

在工作成果上，而不是把所有的事情都推給管理者，同時也能培養下屬處理問題的能力。

敢不敢授權，是衡量一個管理者用人策略的重要標誌。從領導角度講，授權是一種用人策略，能夠使權力下移，使每位下屬感到自己是行使權力的主體，這樣就會使全體下屬在權力的支配下，更富凝聚力和責任感。管理者授權給下屬，既不是推卸責任或好逸惡勞，也不是強人所難。

授權要遵循必要的原則，避免無限制授權。

（1）嚴格說明授權的內容和目標。

授權要以組織的目標為依據，分派職責和授予權力都應圍繞組織的目標來進行。授權本身要展現明確的目標，分派職責的同時要讓下屬明確需要做的工作，需要達到的目標和執行標準，以及對於達到目標的工作如何進行獎勵等，只有目標明確的授權，才能使下屬明確自己所承擔的責任。

（2）考慮被授權者及其團隊。

有些時候並非要對個人授權，而是對被授權者所領導的團隊授權。一個企業或公司有多個部門，各個部門都有其相應的權利和義務，管理者授權時，不可交叉授予權力，這樣會導致部門間的相互干涉，甚至會造成內耗，形成不必要的浪費。

另外，管理者還可以採用充分授權的方法。充分授權是指管理者在向其下屬分派職責的同時，並不明確賦予下屬這樣或那樣的具體權力，而是讓下屬在權力許可的範圍內自由發揮其主觀能動性，自己擬定履行職責的行動方案。

（3）信任原則，用人不疑。

管理者一定要全面的了解和考察將要被授權的下屬，考察的方式可以為：試用一段時間，在觀察並了解下屬後再決定是否可以授權，以避免授權後因

不合適而造成不必要的損失。如果認為下屬是可以信任的，則應遵循「用人不疑，疑人不用」的原則，充分信任下屬並授權給下屬。一旦相信下屬，就不要零零碎碎的授權，應該一次授予的權力，就要一次授予。授權後就不要大事小事都過問，管理者可以對下屬進行適當的指導，但不可以懷疑下屬。否則，不但會傷害下屬的自尊心，而且授權給下屬也變得毫無意義。

（4）考核。

授權之後，就要定期對下屬進行考核，對下屬的用權情況做出恰如其分的評價，並將下屬的用權情況與下屬的利益結合起來。考核不要急於求成，也不要求全責備，而要看下屬的工作是否扎實，是否認真仔細，是否真實有效。如果下屬沒有達到預期的標準，則要耐心幫助下屬糾正錯誤，改進工作方法。

（5）權責一體。

授權的同時要強調權責一體，即享有多大的權力就應擔負多大的責任。這樣一方面約束了被授權人，另一方面也有效保障了工作的正常進行。

對於熟諳授權之道的管理者來說，他的職業發展道路是可持續發展型的，路會越走越寬，職位越高工作起來越能得心應手，因為他們已經真正懂得了授權的藝術，對企業的管理已經達到了收放自如的境界。

7. 像放風箏一樣授權

管理專家彼特・史坦普曾經說過：「權力是一把『雙刃劍』，用得好，則披荊斬棘無往不勝；用得不好，則傷人害己誤事。成功的企業管理者不僅是授權高手，更是控權的高手。」

授權是一門藝術，控權同樣是一門藝術。然而，有很多經理人學會了授權，但並不通曉控權。甚至認為授權後，就應該給予下屬充分的信任，不

該再去過問下屬的工作，對任何事都不聞不問。否則，會讓下屬感到不被信任，打擊下屬的積極性。

現代管理學大師彼得‧杜拉克說過：「授權不等於放任，必要時要能夠時時監控。」可見，即使充分授權，也不等於放任不管。

克里斯多夫‧高爾文是 Motorola 創始人的孫子。1997 年，他接任公司 CEO 時，就充分授權，認為應該完全放手，讓高級主管充分發揮能力。

然而自 2000 年以來，Motorola 的市場占有率、股票市值、公司獲利能力連連下跌。Motorola 原是手機產業的龍頭老大，市場占有率卻只剩下 13%，Nokia 則占 35%；股票市值一年內縮水 72%；更讓他難堪的是他上任後的 2001 年第一季，Motorola 創下了 15 年來第一次虧損紀錄。美國《商業週刊》為高爾文的領導能力打分，除了遠見分數是 B 之外，他在管理、產品、創新等方面都得了 C，在股東貢獻方面得了 D，分數低得可憐。

導致這個結果的最大原因，就是高爾文過於放權，拖延決策，不能及時糾正下屬出現的問題。有一次，行銷主管福洛斯特向高爾文建議，把業績不好的廣告代理商麥肯廣告撤換掉。但高爾文對麥肯廣告的負責人非常信任，所以遲疑了很久，表示應該再給對方一次機會。結果拖了一年後，麥肯持續表現不佳，高爾文才最後同意撤換。

在 Motorola 失敗的衛星通訊銥星計畫上，這一點得到了充分的證實。衛星計畫平均每年虧損 2 億美元，但高爾文卻遲遲沒有叫停，給 Motorola 帶來了重大損失。

除此之外，高爾文放手太過，根本不會適時掌握公司真正的經營狀況。他一個月才和高層主管開一次會，在寫給員工的電子郵件中，談的也只是如何平衡工作和生活。就算他知道情況不對，也不願干涉太多，以免下屬難堪，這顯然屬於授權失誤。

Motorola 曾推出一款叫「鯊魚」的手機。在討論進軍歐洲市場的計畫

時，高爾文知道歐洲人喜歡簡單、輕巧的機型，而鯊魚體型厚重而且價格昂貴，高爾文卻只問了一句：「市場調查結果真的表明這個專案可行嗎？」行銷主管說：「是。」高爾文就沒有再進一步討論，而讓經理人推出這款手機。結果「鯊魚」手機在歐洲市場連個浪花也沒泛起。

還有一次，Motorola 公開宣布要在 2000 年賣出一億部手機，而銷售部員工幾個月前就知道這一目標根本不可能實現，只有高爾文還被蒙在鼓裡。

高爾文雖然放手，但是公司組織並沒有出現他所期望的活力，而且還形成了一個龐大的官僚體系。Motorola 原有 6 個事業部門，由各經理人自負盈虧。由於科技內容的綜合交叉，產品界限已分不清楚，於是 Motorola 進行改組，將所有事業結合在一個大傘下。結果是，整個組織增加了層級，反而變成了一個大金字塔。

一直到 2001 年初，高爾文才意識到問題嚴重，他害怕 Motorola 的光輝斷送在他的手上，於是開始進行調整。他開除了營運長，讓 6 個事業部門直接向他報告，並開始每週和高層主管開會。高爾文改變過去「過於放權」的作風，力挽狂瀾，終於見到了一些成效，但並沒有取得明顯好轉。2003 年，在董事會的指責下，高爾文被迫辭職。

充分授權本是好事，但授權後不管不問，尤其是在發現錯誤後還優柔寡斷、拖延糾正，對企業的殺傷力是非常大的。可見，授權後就放任不管，是一種錯誤的做法。但是，如果授權後干涉太多，又會失去授權的意義。如何在授權與控權之間尋找平衡呢？

一位著名國際策略管理顧問認為：「授權就像放風箏，部署能力弱則線就要收一收，部署能力強了就要放一放。」

這句話闡明了授權與控權的藝術。風箏既要放，又要有線牽。光牽不放，飛不起來；光放不牽，風箏也飛不起來，或者飛上天空失控，並最終會掉到地上。只有倚風順勢，邊放邊牽，放牽得當，才能放得高，放得持久。

在實際工作中，有效授權往往要注意以下幾個問題。

(1) 要當眾授權

當眾授權有利於使其他與被授權者相關的部門和個人清楚，管理者授予了誰什麼權、權力大小和權力範圍等，從而避免在今後處理授權範圍內的事時出現程序混亂及其他部門和個人「不買帳」的現象。當眾授權，還可以使被授權者感覺到管理者對他的重視，感覺到肩上的擔子，從而使他在今後的工作中更加積極、更加主動、更有成效。

(2) 授權要有根據

授權時要有根據，因此最好採取書面授權的方式。書面授權有備忘錄、授權書、委託書等形式。採用書面授權，具有三大好處：一是當有人不服時，可藉此為證；二是明確了其授權範圍後，既可以限制下屬做超越許可權的事，又可避免下屬的「反授權」行為；三是可以避免管理者將授權之事置於腦後，又去處理那些熟悉但並不重要的事。

(3) 授權後要保持一段時間的穩定，不要稍有偏差就要將權收回

如果今天授了權，明天就立即變更，會產生三種不利：一是這樣做，等於向眾人宣布自己在授權上有失誤，需要糾正；二是權力收回後，自己負責處理此事效果更差，更會產生副作用；三是容易使下屬產生管理者放權又不放心的感覺，覺得自己並不受信任，有一種被欺騙的感覺。更有甚者，他會對管理者懷恨在心，伺機報復·從而成為管理者前進道路上的絆腳石。因此，在授權後一段時間，對下屬可能犯錯誤應有心理準備，即使被授權者表現欠佳，也應透過適當的指導或創造有利條件讓其以功補過，而不要馬上收權。另外，管理者在授權以後，要著重看下屬的工作成效，不要斤斤計較其執行工作的手段，不要因為下屬的工作方法與你的不一樣就輕易動搖授權。

(4) 留心有意或無意的收回授權

有意或無意的收回授權，這種現象並不少見。當你已明確授權某人做某事後，而在某一天，當你在走向辦公室的路上碰見他時，漫不經心的問了一句：「你的計畫向某某談過了嗎？」你會發現他像一顆洩了氣的皮球，僅僅因為你的那句話，就等於從他那裡把一切授權都拿了回來。也許你是無意的，但客觀的效果是，不管他願不願意，他都會照你說的去和某人討論那個計畫，那麼真正的授權也就結束了。真正的授權應該越過一條把在心理上的所有權交給受託人的想像的線，任何暗示都無異於公開的收權。

(5) 授權有禁區

儘管從某種角度說，管理者能夠授出的權越多越好，但並不是說要將所有權都授出去而自己掛個空銜。如果這樣，企業就沒必要設立管理者了。在授權問題上存在禁區，有的權多授為好，有的權則少授甚至不授更好。一般來說，授權的禁區有：企業長遠規劃的批准權，重大人事安排權，企業技術改造和技術進步的發展方向決定權，重要法規制度的決定權，機構設置、變更及撤銷的決定權，對企業重大行動及關鍵環節執行情況的檢查權，對涉及面廣或較敏感情況的獎懲處置權，對其他事關全域性問題的決策權。這些權力都需要由高層管理者掌握，一旦將其授予下屬，管理者便會變成有其職無其權的「傀儡」，管理者也就有其名無其實了。

管理者授權後，不能高枕無憂，不然會帶來負面效應，在實際工作中，管理者對授權要做到收放自如。

8. 找準可以授予權力的人

企業家可以說是企業的靈魂，他們用自己的汗水和智慧創造了不斐的財富，企業也烙上了他們自己鮮明的管理烙印。總有一天，由於這樣那樣的原

因，他們要退出企業管理，這時他們將面臨一個問題：把自己打拚來的企業交給誰管理？也就是說，把手中的管理大權交給誰？

很多人認為，肥水不流外人田，自己打下的「江山」，不能交給外人，再說，交給外人管理，也不放心。於是，他們都把權力交給家族成員。這種做法，是正確的選擇嗎？

在整個電腦發展史上，有 4 位華人曾經產生過強大的推動作用，其中第一位也是最有影響的一位就是王安。他所領導的王安電腦實驗室的產品曾經風靡一時，行銷世界。到 1980 年，王安公司在世界 105 個國家及地區設有分支機構，營業額達 30 億美元，王安個人名下的財富達 16 億美元，被列為當時美國第五大富豪，並被選為美國最傑出的 12 位外來移民之一。1986 年 7 月 3 日，王安榮獲美國「總統自由勳章」，1989 年又榮獲「美國發明家勳章」，獲得了華人在美國的極高榮譽。然而，就是這樣一個看似輝煌無比的成功華人企業，卻由於錯誤選擇接班人而導致了覆亡。

在王安電腦公司，王安就是公司，公司就是王安。王安總是一再強調，他絕不願喪失對公司的控制權，王安還說過：「因為我是公司的創始人，我要保持我對公司的完全控制權，使我的子女能有機會證明他們有沒有經營公司的能力。」公司裡一位名叫約翰．卡寧漢的人，在公司裡出類拔萃，他與王安一同制定了使公司迅猛發展的策略，很受王安的器重，並且是唯一王安家族以外卻能影響王安決策的人。但他並沒有像人們想像的那樣被推上至高寶座，因為他不是王安家族的成員！1986 年 1 月，王安任命 36 歲的王列為公司的總裁。

王安實驗室的三個天才考布勞、斯加爾和考爾科原來相處並不好，但王安的策略是讓他們三人相互競爭以推動公司的發展。王安不許他們表現出公開的敵意，總把他們彼此分開，各自負責一個專案開發，王安從這些專案中選擇最好的當做公司新產品投入市場。王列經營公司後，情況發生了轉變，

他一再強調公司的出路在於內部的團結、合作，只有內部合作才能與 IBM 競爭，他要讓考布勞三人統一核心思考，但這是根本不可能的。王列對這種情況非常不滿，他認為考布勞他們考慮的只是自己的利益，而不顧公司的利益。

最終，他們三人因受不了王列的工作方式，都離開了。

由於公司經營每況越下，1989 年 8 月 4 日，王安公司的各負責人聚集在王安位於麻省林肯市的家中，王安要為公司做一次大手術。他別無選擇，就在這一天，王安做出了他一生中最為痛苦的決定 —— 他向董事們宣布撤換王列的公司董事長職務，由亨利・周暫時接管公司業務，再由三人委員會負責物色接班人。雖然 1989 年王安抱病復主大局時，股票回升了 20%，王安又想方設法減輕負債的壓力，然而他削減開銷有限，加之對電腦科技日新月異的發展趨勢認識不深，依然未能扭轉乾坤。在 1989 年後的 4 年內共虧損 16 億美元，股價也由全盛時期的 43 美元狂跌至 75 美分。在尋求集資和其他挽救方法無效後，王安公司不得不於 1992 年申請破產，王安電腦神話最終澈底破滅了。

比爾蓋茲曾非常認真指出，如果 1980 年代那位「眼光遠大的工程師」沒有貽誤戰機的話，今天可能就沒有什麼微軟公司了。「我可能就在某個地方成了一位數學家，或者一位律師，而我少年時代在個人電腦方面的迷戀，只會成為我個人的某種遙遠的回憶。」比爾蓋茲如是說，表達了他對王安的崇敬之情。

一個電腦天才，卻因為堅持將企業的大權交到兒子手裡，從而葬送了公司的前程。可見，把公司權力交給家族成員，並不是正確的做法。任人唯賢，唯才是舉，公司才會得到持續健康發展。誠然，如果家族成員有出類拔萃者，能夠勝任駕馭企業和管理企業，不妨讓他接管企業，如果家族成員沒有這種人才，就不要為了大權不落到外人手裡，而非要把權力交到家族成員

手裡不可。這無論是對企業，還是對接班人，都是不負責任的。那麼，管理者應該把權力交到什麼人手裡呢？

（1）上司不在時能負起留守職責的人。

有些部屬在上司不在的時候，總是精神鬆懈，忘了應盡的責任。例如，下班鈴一響就趕著回家；或是辦公時間內藉故外出，長時間不回。

按理，上司不在，部屬就該負起留守的責任。當上司回來，向他報告他不在時發生的事以及處理的經過。如果有代上司行使職權的事，就應該將它記錄下來，事後提出詳盡的報告。這樣的下屬是可以授權給他的。

（2）準備隨時回答上司提問的人。

當上司問及工作的方式、進行狀況或是今後的預測，或相關的數字，他必須當場回答。

好多部屬被問到這些問題的時候，還得向其他員工探問才能回答。這樣的部屬不但無法管理他的下級與工作，也難以成為管理者的輔佐人。可以授權的部屬必須掌握了職責範圍內的全盤工作，在管理者提到相關問題的時候，都能立刻回答才行。

（3）致力於消除上司誤解的人。

管理者並非聖賢，也會犯錯誤或是發生誤解。事關工作方針或是工作方法，管理者有時也會判斷錯誤。

管理者的誤解往往波及部屬晉升、加薪等問題。碰到這個情況，有能力的部屬不會以一句「沒辦法」就放棄了事，他會竭力化除上司的這種誤解。

（4）代表他負責的團隊。

對部屬而言，部屬是他所在團隊的代表人。他是夾在上司與員工之間的角色。從這個立場而言，部屬必須做到：把上級的方針與命令澈底灌輸給員工，盡其全力實現上級的方針與命令。隨時關心員工的願望，洞悉員工的不

滿，以員工利益代表人的身分，將他們的願望和不滿正確的反映給上級，以實現員工的合理利益而努力。

夾在上級與員工之間，往往使部屬覺得左右為難。但是，他務必冷靜判斷雙方的立場，設法取得調和。

(5) 向上司提出問題的人。

高層管理者由於事務繁忙，平時很難直接掌握各種細節問題。因此，部屬必須向上司提出所轄部門目前的問題，同時一併提出對策，供上司參考。

(6) 忠實執行上司命令的人。

一般說來，管理者下達的命令無論如何也得全力以赴、忠實執行，這是部屬必須嚴守的第一大原則。如果部屬的意見與上司的意見相左，當然可以先陳述他的意見。陳述之後管理者仍然不接受，就要服從上司的意見。

有些部屬在自己的意見不被採納時，抱著自暴自棄的態度去做事，這樣的人沒有資格成為上司的輔佐人。

(7) 適時請求上級指示的人。

部屬不可以坐等上司的命令。他必須自覺做到請上司向自己發出命令，請上司對自己的工作提出指示。適時積極求教，才算是聰明能幹的下屬。

(8) 當上司的代辦人。

接受權力的部屬必須是上司的代辦人。縱然上司的見解與自己的見解不同，上司一旦有新決定，部屬就要把這個決定當做自己的決定，向員工或是外界人作詳盡的解釋。

(9) 知道自己許可權的人。

絕不能混淆職責界限。如果發生某種問題，而且又是自己許可權之外的事，就不能拖拖拉拉，應該立刻向上司請示。超過頂頭上司與更高一級管理者交涉、協調，等於把上司架空，也破壞了命令系統，應該列為禁忌。非得

越級與上級聯絡、協調的時候，原則上也要先跟頂頭上司打個招呼，獲得認可。能做到這一點的人，才可以授權給他。

(10) 向上司報告自己解決問題的人。

接受權力的部屬，自己處理好的問題如果不向上司報告，往往使上司不了解實情，做出錯誤的判斷或是在會議上出洋相。

當然，不少事情毋須一一向上司報告。但是，原則上可稱之為「問題」、「事件」的事情，還是要向上司提出報告。

報告的時機因其重要程度的不同而有所區別。重要的事，必須即刻提出報告，至於次要的或屬日常性事務，可以在一天的工作告終之時，提出扼要的報告。

(11) 勇於承擔責任的人。

有些部屬在自己負責的工作發生錯失或延誤的時候，總是找出許多的理由。這種將責任推卸得一乾二淨的人，實在不能授權給他。

部屬負責的工作，可以說是由上司賦予全責，不管原因何在，部屬必須為錯失負起全責。他頂多只能對上司說一聲：「是我領導不力，督促不夠。」如果上司問起錯失的原因，必須據實說明，而不是找一大堆藉口辯解。有些部屬在上司指出缺點的時候，總是把責任推到他的下級身上，說：「那是某某做的好事。」把責任推給下級，並不能免除他的責任。一個受權的部屬必須有「功歸部屬，失敗由我負全責」的胸懷與度量才行。

(12) 提供情報給上司的人。

部屬與外界人士、其他員工等接觸的過程中會接觸各式各樣的情報。這些情報有些是對公司不利的。部屬必須把這些情報謹記在心，並把它提供給管理者。

(13) 不是事事請示的人。

遇到稍有例外的事、員工稍有錯失或者旁人看來極瑣碎的事，也都一一搬到上司面前去請示，這樣的部屬令人不禁要問：授權給他到底和不授權有什麼區別？

能幹的部屬對管理者沒有過多的依賴心。事事請求不但增加了管理者的負擔，部屬本身也很難成長。如果他擁有執行工作所需的許可權，就必須在不逾越許可權的情況下，憑自己的判斷把分內的事處理得乾淨俐落，這樣的人才值得管理者把更多的權力交給他。

9. 切勿濫用權力

權力是企業管理者表現自己管理手段的展現，但無數事實證明，過分保護和誇大這種權力欲望就會存有私人目的，就會濫用無度。濫用權是對權力價值的破壞，切忌濫權，已經成為現代企業管理者警醒的口號。那些死抓著權力不肯放的管理者，因權力太多的緣故，往往濫用權力，這是一個較為普遍的現象。任何權力都得有一定的限制和範圍，如果硬要突破這種限制和範圍，就會超出度外，形成「權力擴張」的現象，最終會危及組織或企業利益。

切忌代辦一切。

命令是讓下屬執行的措施，而企業管理者不能代辦命令。「這是業務命令，你就照這方法做，不然，我就把你開除。」像這種不顧部屬立場、強制的命令方式，是身為主管者絕對要避免的。因為這樣只會徒增部屬反抗的心理，收到相反的效果。

一個真正優秀的主管，絕不會依靠權力來行事，更何況部屬本身知道要敬重上司，上司又何必處處表現自己有不可示弱的權力呢？有些管理者當部屬不按己意而行時，往往不願花點時間與部屬商談一下，馬上搬出權力，想

藉以操縱部屬。即使他不是用很強硬的態度，但此種行為即明白表示他不相信部屬的能力，而「相信部屬」是最重要的。期待部屬有所表現時，首先要相信他的能力。

切忌漠視下屬。

每位下屬都有自尊，否則他就沒有個性。沒有個性的下屬是好下屬嗎？顯然不是。企業管理者千萬不能盛氣凌人，目空一切，應該尊重下屬，合理發布命令。無論多不可靠、多無能的部屬，一旦交給他工作，就不可輕視他的能力。對其努力的行動應盡量給予援助，即使自己有好的想法，也要放在心裡，在部屬未提出比自己更好的提案前，要耐心幫助他們，給予他們意見和忠告。一個忙碌的企業裡，任務往往一件件接踵而來。此時若要指示部屬，只能象徵性提示重點，而無法顧及全面的解說。在平時，部屬通常有他自己的行事計畫，當上司突然下達指示時，不得不將原來計畫加以調整，或刪去一部分或追加一點。假如這只是偶爾的現象，倒無所謂；若是經常發生，部屬難免會心存不滿。因此，當下命令給部屬時，不妨多加幾句話，例如「我知道你現在很忙，不過……」、「我想你可能第一次做這件工作，不過……」說這些話對你而言是輕而易舉的事，卻能使部屬感到你在為他的立場著想，而心甘情願讓步。你要下命令，不如用這些方式，更能使部屬積極工作。

切記：不要濫用權力，與其隨時隨地叱責或命令下屬做某件事，不如適當放權，讓下屬有更大、更多的主觀能動性。

管理藝術是門大學問，如何當一個好的管理者，很有講究，如何達到「治之至」有門道。《呂氏春秋·李賢》提出兩個方法：宓子賤和巫馬期先後治理單父，宓子賤治理時每天在堂上靜坐彈琴，沒見他做什麼，就把單父治理得相當不錯。巫馬期則披星戴月，早出晚歸，晝夜不閒，親自處理各種政

務，單父也治理得不錯。兩個人兩種治法，一則事不躬親，一則事必躬親。

兩種方法孰優孰劣？事不躬親是「古之能為君者」之法，它「勞於論人，而佚於官事」。是「得其經也」；事必躬親是「不能為君者」之法，它「傷形費神愁心勞耳目」，是「不知要故也」。前者是使用人才，任人而治；後者是使用力氣，傷力而治。使用人才，當然可逸四肢，全耳目，平心氣，而百官以治；使用力氣則不然，弊生事精，勞手足，煩教詔，必然辛苦。

前人的這套說法今天仍有意義，其道理仍沒過時。凡有上級與下級、用人者與被用者關係存在的地方，就有管理與被管理的關係，管理者的工作就是抓綱舉目，抓緊大事：制定軍事策略方針，作戰計畫是軍事統帥的大事；企業的發展規模，產品的品質種類、發展遠景是企業的大事。第二次世界大戰時，英軍統帥蒙哥馬利提出：身為高級指揮官的人，切不可參

加細節問題的制定工作。他自己的作風是在靜悄悄的氣氛中「踱方步」，消磨很長時間於重大問題的深思熟慮方面。他感到，在激戰進行中的指揮官，一定要隨時冷靜思考怎樣才能擊敗敵人。對於真正有關戰局的要務視而不見，對於影響戰局不大的末節瑣事，反倒事必躬親。這種本末倒置的作風，必將一事無成。

漢宣帝時有一位宰相名叫丙吉。有一年春天，丙吉乘車經過繁華的都城街市中，碰見有人群鬥，死傷極多，但是他若無其事走過現場，什麼話都沒說，繼續往前走。不久又看到一頭拉車的牛吐出舌頭氣喘吁吁，丙吉馬上派人去問牛的主人到底怎麼回事。旁邊的隨從看見這一切覺得很奇怪，為什麼宰相對群毆事件不聞不問，卻擔心牛的氣喘，如此豈不是輕重不分、人畜顛倒了嗎？於是有人鼓起勇氣請教丙吉。丙吉回答他：「取締群毆事件是長安令或京兆尹的職責，身為宰相只要每年一次評定他們的勤務，再將其賞罰上奏給皇上就行了。宰相對於所有瑣碎小事不必一一參與，在路上取締大眾圍鬥更不需求。而我之所以看見牛氣喘吁吁要停車間明原因，是因為現在正值初

春時節，而牛卻吐著舌頭氣喘不停，我擔心是不是陰陽不調。宰相的職責之一就是要順調陰陽，因此我才特地停下車詢問原因何在。」眾隨從聽後恍然大悟，紛紛稱讚宰相英明。從這個故事可以看出，管理者下工夫做的事情：第一對大局的判斷和掌握；第二是調整團體的能力；第三是讓部下各盡所能，充分發揮其積極性。

諸葛亮治理蜀國時，朝廷內外大小事務都要一一過問，以履行他「鞠躬盡瘁，死而後已」的諾言。久而久之，諸葛亮累得筋疲力盡，楊容為此經常勸諫他要適當下放一些權力，一來可以讓下面的官員得到鍛鍊，二來自己的健康狀況能得到改善。可是諸葛亮不肯聽從勸告。幾年後，蜀國在國力方面有所增強，國內治安也穩定了不少，可是諸葛亮因為過度勞累而過早離開了人世。

從表面上來說，管理者盡心盡力做事是一種美德，可是為此付出了慘痛的代價，結局也是得不償失，不能達到無為而治的效果。這也是簡易管理的反面教訓。作為管理者來說，只需要掌握大方向，具體的事情應由各級人才去處理，不必每件事都過問。過問就是掣肘，不能達到簡易管理的原則效果。

袁了凡在他編輯的《通鑑》一書中闡述了管理者工作的訣竅：「把緊急的事當成眼前的大事來解決，不將精力放在那些瑣事上，這就是所謂的無為而治。」管理者用人要明白：什麼該獲取就毫不猶豫的獲取，什麼該捨棄就毫不猶豫的捨棄。

想做主管，必先學會斷捨離

猶豫不能成大事，成功者都是善於決斷的人

作　　者：楊仕昇、冷新心

發 行 人：黃振庭

出 版 者：崧燁文化事業有限公司

發 行 者：崧燁文化事業有限公司

E-mail：sonbookservice@gmail.com

粉 絲 頁：https://www.facebook.com/
　　　　　sonbookss/

網　　址：https://sonbook.net/

地　　址：台北市中正區重慶南路一段六十一號八
　　　　　樓 815 室

Rm. 815, 8F., No.61, Sec. 1, Chongqing S. Rd.,
Zhongzheng Dist., Taipei City 100, Taiwan (R.O.C)

電　　話：(02)2370-3310

傳　　真：(02) 2388-1990

印　　刷：京峯彩色印刷有限公司（京峰數位）

國家圖書館出版品預行編目資料

想做主管，必先學會斷捨離：猶豫
不能成大事，成功者都是善於決斷
的人 / 楊仕昇，冷新心著 . -- 第一
版 . -- 臺北市：崧燁文化事業有限
公司，2021.08
　面；　公分
POD 版
ISBN 978-986-516-680-9(平裝)
1. 管理者 2. 企業領導 3. 組織管理
494.2　　110008382

電子書購買

臉書

定　　價：350 元

發行日期：2021 年 08 月第一版

◎本書以 POD 印製